玩美不網美

醫美不能說的秘密
不可不知的健康秘訣

推薦序 一

如何內外兼修？

人類身體可說是一座複雜奧妙的生化工廠，除消化、呼吸與循環等系統是「生存」基礎以外，「健康」維護所依賴的，則主要是內分泌與新陳代謝系統。人類如今壽命延長，但會有致命影響的問題，包括心腦血管疾病與惡性腫瘤兩大類，它們的源頭，正是代謝不佳造成的代謝症候群。一些擾人的慢性不適、疼痛或失能，也往往與所謂的內分泌失調有關。

而除了生存與健康外，人活在社會上，必然需要工作與參與各種活動。但因為這個社會，有許多人都是「外貌協會」份子，所以，人隨時隨地給人的印象，有時就會成為事務進行能否順利的關鍵因素。這種現象雖讓人感慨，但也是事實，也因此，如何「內外兼修」，的確是一個不容現代人忽視的重要課題。

謝孟璇醫師在馬偕醫院工作期間，就是人盡皆知的「漂亮寶貝」，本身就是「內外兼修」到達美善境界的楷模。我個人在擔任醫院行政首長期間，心中原本有所期許與規劃，稍稍假以時日，必然可以舉薦孟璇，成為醫療人員走出白色巨塔，展現自信心與親和力的最佳代言人。

很可惜因為生涯規劃關係，孟璇在馬偕醫院沒有停留太久，就返鄉執業去了。雖然沒能代表醫院發光，但憑藉著在馬偕受訓打下的堅實基礎造福鄉里、嘉惠病患，也是醫院榮耀的延伸。

才華出眾的孟璇，在行醫數年累積了相當經驗後，有感於前述內外兼修課題的重要性，所以集結了一些心得出版成冊。孟璇不是嚴肅的講述疾病理論，而是舉平常遇到的案例，深入淺出說明醫療可以運用的邏輯，讓大眾閱讀了之後，能夠輕鬆的落實到生活上，確實是本書不落俗套，最值得推崇的地方。

逢新書問世之際，獲邀書寫推薦序，甚感高興與榮幸。

前馬偕醫院院長
馬偕醫學院兼任教授　施壽全

推薦序 二
走進醫美與健康的世界

醫學美容是現今最熱門的一門行業，在琳瑯滿目、日新月異
的醫學美容市場裡，人們不吝投資自身不外乎就是為了追求
光鮮亮麗的外型，也讓自己看起來更有自信。醫學美容之中
像是微整形、瘦身、皮膚保養及減重部分是很重要的課題之
一，而健康促進及疾病預防在預防醫學上是非常重要的兩條
主軸。所以要同時兼顧美麗及健康這兩個領域需要更有經驗
及學有專精值得信任的專業醫師才能達成。這本書的作者謝
孟璇醫師本身是一名從醫學中心訓練出來的內分泌及新陳代
謝專科專業醫師外，同時也是一位非常有經驗的醫學美容醫
師。在醫學美容、健康保健、瘦身及內分泌新陳代謝的調理
都有其醫學專業學識，這樣的學識專業在醫學美容領域是更
加重要及珍貴。除了撰寫這一本書當作是經驗分享及衛教教
材外，謝醫師也常在很多媒體及健康節目中分享自己在臨床
上的治療經驗，同時給予民眾正確的健康觀念。

從這本書當中可以看出謝醫師對於醫學美容及減重代謝方面上的專業，以一位專科醫師的了解及認知來告訴讀者怎麼樣可以達到同時兼顧健康及美麗的方法。從專科醫師的角度來解讀醫學美容，不管是在身體保養、微整型及瘦身各方面以淺顯的字眼及深入淺出的方式讓讀者可以很容易理解，引導讀者慢慢走進醫學美容的世界，更加認識這塊令人陌生的領域。它是一本值得您花時間閱讀及收藏的一本好書！真心推薦！

臺安醫院心臟血管中心　心臟內科主任　　林謂文 醫師

推薦序 三

由內而外，享受健康的生活

孟璇醫師是我的同事。初次見面之時，很有朝氣的向我打招呼，說有機會要向我學習。本以為是個剛入門的年輕醫師，相處一陣子才發現，她並非新手，除了在醫美領域很有經驗，做足了功課，在她的內科專業方面更是內行，不只是治療外觀，更是連身體內的疾病都瞭若指掌。

我自己入行已超過十年，醫美行業發展迅速，除了治療儀器持續發明，推陳出新，注射類的針劑更是琳琅滿目。消費者對於新的產品及技術往往一知半解，在資訊不對等的情形下，容易對於結果有過度期待以及誤解的情形，進而在接受治療之後，造成不滿意的結果。孟璇醫師的這本書對於時下流行的各種醫美產品及治療適應症，有著詳盡的說明，讓大家對於眾多名詞不再陌生，進而能在接受治療之時，有更充足的先備知識。

另外，孟璇醫師更是以自身接觸許多病患的經驗，運用個案陳述的方式，說明各種慢性身體疾病的相關知識。詳讀之後，可以讓讀者了解各種內科疾病，明白如何預防及治療。有時外表上的不理想，會和身體狀況有很大的關聯。例如，在某個時期自覺容貌的加速老化，往往是因為有著慢性病的纏身。及時就醫治療疾病優先，再來改善外貌，才會更有效果。我自己就曾經遇過一位中年女性，臉部在幾個月間出現明顯的鬆弛及下垂，到診所尋求改善。診視之後，發現近期因為夜間盜汗及心悸，以致睡眠品質不佳。後來請患者做檢查，才發現有肺部腫瘤疾病，體重明顯下降，這才是膠原蛋白急速流失，造成臉部衰老的主要原因。

誠摯將這本書推薦給大家閱讀，讀完這本書後，不只是對於改善外表的各種療程更清楚，也知道該如何檢視自身健康，由內而外，享受健康的生活。

整形外科

王撰高 醫師

自序

一起踏上健康與美麗的旅程

我想與你分享一段關於醫美與健康的旅程,這是一個充滿啟發和成長的旅程。在這段匯聚經歷的旅程中,我深刻感受到醫療和美學之間的交融,這便是這本書的起點。

畢業後進入台北馬偕醫院,經歷了實習和PGY醫師訓練,接著進入內科擔任住院醫師和新陳代謝內分泌次專科的訓練。這段時間不僅讓我奠定了醫學專業基礎,更深化了對患者的關懷和理解。

離開馬偕醫院後,我回鄉在家父開設多年的自家診所執業,與家父攜手共同執業、回饋鄉親,這三年的開業歲月裡,處理了眾多內科和代謝科相關的病患,其中包括許多三高患者和追求減重的患者。

這段時光讓我更加明白文明病和我們的生活習慣之間的緊密聯繫,也驅使我開始深入探索健康和美麗的更多可能性。

對我而言,醫美不僅僅是關於外表的改變,更是一種內在自信的表現。多年來,我一直以我的醫學知識和經驗來幫助人們找到健

康與美麗之間的平衡。我相信，只有內外兼修，才能真正散發出自信和魅力。

我希望能夠建立一個健康美好的生活態度，讓每個人都能在自己的外貌中感到自信和幸福。透過對醫學和心靈的探索，致力於讓人們了解到健康是全面的，並與外在美相輔相成。

這本書分享了我近年來對醫美微型美學的深入研究和實踐，以及日常門診接觸到的疾病和健康諮詢。

我想和你分享我的故事、經驗和見解。不僅僅是醫學上的見解，還有我在這個領域所積累的實用經驗。

我堅信，透過結合專業的醫療知識和對外在美學的追求，我們能夠為患者提供更為全面的健康與美麗體驗。

無論你是在尋找醫學美容的專業建議，還是希望改善自己的生活方式，讓我們一起踏上這段探索自信之旅，一起發現健康與美麗的真諦，並共同追尋內外平衡的秘訣。

希望這本書能夠成為一個啟發，引領讀者深入思考自身的健康和美麗之道。謝謝你加入我的旅程，一同追尋內在與外在的和諧。

衷心感謝

謝立嶸 醫師

目 次

Part 1　破除網路謠言，造訪謝醫師的玩美相談室

Chapter 2　生活中總有的健康煩惱，認真看待避免因小失大

Chapter 3 話不可以亂講，藥更不可以亂吃，
日常必收的用藥筆記

PART
1

破除網路謠言
造訪謝醫師的玩美相談室

生活忙碌壓力大，
年紀愈大感覺代謝也愈差了，
都瘦不下來好煩惱！

現代人生活忙碌、沒時間運動、壓力大加上大吃大喝，過重悄悄找上門，所以減重這個主題一直歷久不衰。許多患者來我診間諮詢，依照患者的預算及狀況，我會提供醫美或身體調理兩種方式，若是能夠兩者並行則更好。

沒有任何一個減肥方法是可以一輩子永遠不復胖的！減肥要從基礎做起，搭配飲食控制與運動習慣，打造良好的生活習慣和好心情，體態才能長久維持又健康。因此我會建議搭配以下飲食、生活調理，若是暫時沒有預算的人，也可以從這方面下手喔！

▶▶▶ 為了健康你可以這麼做

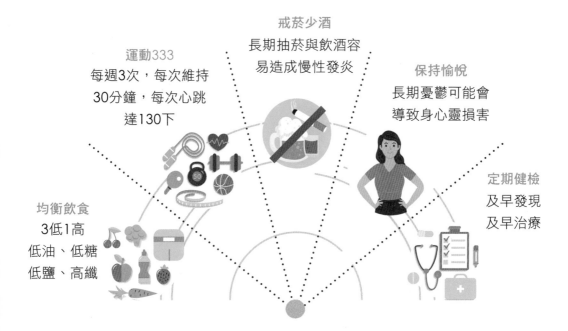

戒菸少酒
長期抽菸與飲酒容
易造成慢性發炎

運動333
每週3次，每次維持
30分鐘，每次心跳
達130下

保持愉悅
長期憂鬱可能會
導致身心靈損害

定期健檢
及早發現
及早治療

均衡飲食
3低1高
低油、低糖
低鹽、高纖

而你在短期內想要快速達到效果又有預算的話，例如近期有規畫
要拍婚紗，你也可以試試現在最夯的醫美技術。

▶▶▶ 也可以借助醫美的技術來達成你要的效果

這兩年醫美界悄悄吹起全球第一隻通過歐盟、美國食藥署FDA共
同認證的Saxenda善纖達，也就是常聽到的「瘦瘦筆」。

其主要成分是Liraglutide為一種GLP-1類似物，屬天然荷爾蒙，能
夠讓人產生飽足感、減緩胃部排空的速度進而抑制食慾，使人減
少食物攝取量，來達到效果。

使用方式採皮下注射（像糖尿病患者每日施打胰島素一樣），施打在腹部周圍，使用前必須諮詢醫師，按照建議劑量施打，多數人反應注射沒有疼痛感，而且一天打一次就好，對不敢吃口服藥的人非常友善。

非常適合忙碌現代人、沒空運動者、代謝差者、服用口服藥無效者、壓力大以及暴飲暴食者。

Saxenda善纖達可能出現的副作用

1 噁心、嘔吐、腹瀉、便秘，腸胃道不適為最常見的不良反應。
2 倦怠、無力或頭暈、偶有味覺障礙。
3 口乾、消化不良。

請注意不適合使用Saxenda善纖達的人

1 75歲以上及18歲以下。
2 肝腎功能不全患者。
3 個人或是家族有甲狀腺髓質癌病史，或是第二型多發性內分泌腫瘤綜合症病人。

Q2

我的身體發炎了？
身體的小症狀可能帶來大麻煩！

國人十大死因中，除肺炎與事故傷害外，其他8項都與
慢性發炎有關。發炎是當身體的免疫系統偵測到外來物
（如刺激、受傷、致病菌等），而開啟一連串的免疫生
理反應。當刺激持續存在，或是免疫系統失調無法有
效清除刺激來源，急性發炎期就會進入慢性發炎。慢性
發炎起初的症狀往往較為輕微而不易被察覺，但有些徵
兆暗示身體正在發炎，像是疲倦、情緒低落、焦慮、不
耐煩、睡不飽；皮膚症狀如蕁麻疹、異位性皮膚炎等；
消化道症狀如喉嚨梗塞感、便秘、拉肚子或胃食道逆流
等；以及無法被解釋的疼痛和經常感冒，都要多注意！

例如僵直性脊椎炎與基因變異和免疫失調有關,主要是脊椎的關節慢性發炎;患者約9成帶有HLA-B27基因。脊椎反覆發炎的結果會導致骨頭融合在一起,活動度變低,英文稱為「bamboo spine」,也就是脊柱變成像竹子一樣「很僵直」。僵直性脊椎炎亦容易引發全身系統性病變,其中以眼睛反覆發炎「虹彩炎」最常見,風險較一般人多出30倍以上;如果血管持續處於發炎狀況,甚至連心血管疾病問題也會隨之而來。

皮膚方面因免疫失調而引起的發炎,會導致蕁麻疹或異位性皮膚炎。蕁麻疹是一種過敏反應,誘發因子包括外來抗原、特定食物或藥物(NSAID)、光熱刺激、物理性壓迫等,但有超過50%蕁麻疹是找不到原因的!症狀通常會出現從皮膚表面隆起的斑塊、略帶紅色、嚴重發癢。常見特色是「抓到哪裡、癢到哪裡」;若症狀反覆發作超過6個星期以上則為慢性發炎。

慢性發炎也可能會引起消化道症狀,包括喉嚨梗塞感、便秘、拉肚子或胃食道逆流等。主要原因是發炎所釋放的一些因子影響到自律神經系統,進而造成胃腸道蠕動的異常。一般逆流性食道炎被認為是胃酸逆流到食道,侵蝕食

道黏膜，導致食道發炎而造成。美國醫學會雜誌JAMA最新的研究顯示：真正導致逆流性食道炎不斷復發的原因，可能是因為身體一直處在慢性發炎中，免疫細胞在受到細胞激素的調節後，不斷攻擊食道而發炎，持續的發炎最終也可能導致癌症。

長期慢性發炎，代謝力也會變差。因為其實肥胖就是一種身體長期的慢性發炎，肥胖又是萬病根源，更是構成代謝症候群的主因。

代謝症候群的定義，包括三高（高血壓、高血糖、高血脂）、肥胖（腹圍）以及高密度脂蛋白膽固醇HDL偏低，5項中符合3項以上即確診。

當身體進入代謝症候群時，脂肪細胞還會分泌讓身體器官發炎的激素，特別是會讓血管發炎而堆積過多的脂肪，進而引發更嚴重的後遺症，其中包括「代謝不良」，而十大死因中有5項都跟「代謝不良」有關，包含心臟疾病、腦血管疾病、糖尿病、高血壓、腎臟疾病。

▶▶▶ 為了健康你可以這麼做

如同前一個問題，想遠離發炎體質，生活習慣絕對要做好：

1. 檢視自身的生活形態：穩定作息、充足睡眠、心情愉悅。

2. 規律且持續的運動。

3. 飲食均衡，採取3低1高（低油、低糖、低鈉、高纖）為原則，幫助自身建立好健康防護罩，遠離疾病侵擾，更要避免疾病的產生。

除了調整自身的生活形態及規律的運動外，飲食均衡可以幫助代謝及強化免疫力。其中，油品的選擇更是飲食中的關鍵！

▶▶▶ 也可以補充保健食品能有助於新陳代謝 與強化免疫力

1. **枸杞籽油**

富含多種不飽和脂肪酸、微量元素、抗氧化的SOD（超氧化物歧化酶Superoxide dismutase）和 β 胡蘿蔔素（維生素A重要的活性成分），能幫助好膽固醇、維持管路健康；幫助代謝，維持活力必備。

2. 沙棘籽油

富含多種生物活性物質、胺基酸、維生素ACE、抗氧化的
SOD、類黃酮，並且含有豐富的不飽和脂肪酸Omega-7，
能促進代謝。

3. 印加果油

含有豐富的Omega 3、6、9三種不飽和脂肪酸，能幫助好
膽固醇、幫助代謝。

很多人因為減肥而不敢吃油，但如果滴油不沾的話，可能會
導致生理機能失調、荷爾蒙混亂，讓皮膚變粗糙、大量掉
髮，甚至影響生理週期！無論是要減肥或維持健康，挑「好
的油」來吃很重要！

油脂分為飽和脂肪酸多為動物來源（牛油、豬油），容易造
成心血管阻塞；不飽和脂肪酸多為植物來源，對健康較有
益，可降低膽固醇。建議如果要同時補充好的油脂以及營養
素和微量元素時，可以選擇複合性的油脂來補充，例如以上
所說的三種油，都是不錯的保健油脂。

Q3

想要告別下垂的臉部線條？
這樣做讓完美更有感

長期有庫欣綜合徵的患者，可能會有月亮臉的困擾，由於體內內分泌腺體或細胞不當地分泌引起血壓升高的激素以致內分泌性高血壓（有關庫欣氏症候群的詳細說明，可以翻到Part2個案17參考喔）。許多有此困擾的患者來問我，該如何由內到外有效解決呢？

▶▶▶ 為了健康你可以這麼做

庫欣綜合徵通常是由於腎上腺皮質或腦下垂體有腫瘤，分泌皮質醇（Cortisol）增加，進而興奮交感神經導致血壓升高。臨床表現為中心肥胖、水牛肩、月亮臉、皮膚紫紋、高血糖等症狀。治療以手術切除為主。

▶▶▶　也可以借助醫美的技術讓你快速恢復美麗

音波拉提的原理是利用超音波產生熱能，在不傷害到皮膚表面的情況下傳遞能量，治療深度約1.5mm～4.5mm，能夠刺激膠原蛋白增生、肌肉筋膜層緊緻收縮，達到緊緻、立體度提升的效果。

電波拉提則是針對表皮真皮及皮下組織層的皮膚結構改善，屬於立體容積式的加熱，透過電波傳遞熱能除了可以促使膠原蛋白纖維收縮，體積變小之外，還能刺激膠原蛋白增生、重新排列，使臉部線條緊緻，膚質更有彈性，細紋和毛孔也可以獲得改善。

由二者交替治療的雙波拉提，可以得到音波深層拉提筋層的緊實效果，也得到電波提供的平滑緊實，兩者相輔相成效果加倍之外，讓肌膚由內而外的獲得徹底修復，在外表上的效果也更有感。

電波、音波二者各有擅長以及針對的部位，但這兩者皆是非侵入式的醫美療程，有效改善臉部肌膚的下垂，而且術後沒有傷口復原快，算是非常多人選擇的療程，但很少有人知道其實兩個一起做會有加乘的效果唷！

雙波拉提適合期待改善全臉鬆弛下垂、期待改善眼周細紋及法令紋、嬰兒肥、雙下巴、個人預算較充裕，可等待2～3個月者。

雙波拉提注意事項

雙波拉提的效果大約可以維持一年半至兩年左右，簡單地敷麻後進行療程，術後沒有恢復期，隔天就可以正常活動。其效果大約在2～3個月後開始明顯，後續可以依照醫師建議進行第2次療程效果會更好唷！

不當減肥也會導致臉部凹陷下垂？
聰明選擇適合自己的變美魔法

不當減肥法，例如只追求少吃，但蛋白質攝取不足或缺乏運動習慣，長期下來會加速肌肉流失。現在網路資源多，減肥方式百百種，我有許多病患實行168斷食減肥法，但進食時卻選擇錯誤的食材，例如只吃自己喜歡的甜食。結果卻導致愈減愈肥，甚至出現掉髮、指甲斷掉、肌肉量和骨質密度下降、生病復原速度慢、昏沉遲緩、記憶力變差等副作用。（Part2個案4正是這個案例！）

▶▶▶ 為了健康你可以這麼做

想增肌減脂，一天必須吃下體重1.5～2.5倍／克的蛋白質，作為身體生成肌肉的原料。日常飲食應以高蛋白、高纖維，低脂肪、低碳水化合物為大原則。其中，吃夠蛋白質更是瘦身成功與否的關鍵。

然而恢復肌肉量並非一蹴可幾，如果你有緊急事件例如婚禮、重要宴會、臨時要拍照……等，需要立刻看到臉龐呈現完美效果的話，該怎麼辦？

▶▶▶ 也可以借助醫美的技術來達成你要的效果

相信各位一定都聽過玻尿酸，因為實在太常出現在我們生活裡，例如營養品口服玻尿酸、保養品裡的添加物，以及接下來要介紹的醫美玻尿酸注射。但究竟該如何挑選適合自己的玻尿酸，才能創造最完美的效果呢？

玻尿酸（Hyaluronic Acid）原本就存在皮膚、結締組織以及神經中，其功能有幫助儲存水分，增加皮膚容積，使肌膚飽滿有彈性。但人體內的玻尿酸會因為年齡增長或是營養不足而流失，長久下來會使皮膚失去彈性及光澤，導致臉部皺紋、凹陷等。

但幸虧時代的進步，玻尿酸已經可以藉由微生物發酵且非動物來源製成的方式提取，也在不斷地改良修正下大幅減少感染、過敏的可能性，是市面上相對安全性的填充劑，也是醫美入門首選療程之一。

市面上玻尿酸品牌琳瑯滿目，應該如何聰明選擇？「安全」絕對是最重要的考量！放入體內的填充物、注射物必須要通過高規格認證確保安全性，才是可靠且值得信賴的，所以在施打前務必要確認產品有無符合歐盟CE國際認證，交由專業醫療人員施打，並遵守術後注意事項才能達到最棒的效果。

另外，由巴西整形外科專家Dr. de Maio所提出的美感密碼，也就是「玻尿酸拉提」，打破了以往觀念，新式玻尿酸利用具有較強的支撐性特質，在臉部兩側各注射8個關鍵支撐點，做點狀的注射，以骨頭作為基底，達到將目標皮膚撐起的目的，再藉由局部雕朔，讓臉部線條緊緻、立體度大大提升而且效果馬上可見！

Dr. de Maio所提出「八點拉提治療」注射點有8個，且有一定的施打順序，但不一定每個人都要打到8個點，每個人需要施打的劑量及深度也都不一樣，需視年紀及實際情況進行微調，所以醫師的經驗相當重要。主要應用範圍可將臉部分為三部分：

1. **上臉部**

   太陽穴到眉尾、眉骨突出上方。主要為夫妻宮，可以拉提下垂的眼尾。達到提眉和提上眼皮的效果，也可以填補額頭兩側凹陷。

2. **中臉**

   顴骨到淚溝、鼻勾側，最多人著重的一塊，可改善淚溝、眼袋及法令紋拉提，還有蘋果肌效果。

3. **下臉部**

   嘴角部位，例如嘴邊肉。直接拉提下臉作用，使下顎線更俐落柔順、緊緻。也可拉提原本雙下巴的鬆弛皮膚，視覺上呈顯V臉。

目前流行的Voluma V+八點拉提法的療效持續時間可達18個月以上，比一般中分子僅一年的時效來得久，但每人體質跟生活習慣不同，需依個人保養而定。所以生活上的習慣保養還是非常重要的喔，醫學美容可以快速達到效果，但想維持持久或效果更好，也要靠自己平常保持良好的生活方式。

玻尿酸拉提改善部位

主要應用範圍可將臉部分為三部分

1. **上臉部**
   可以拉提下垂的眼尾達到提
   眉和提上眼皮的效果，也可
   以填補額頭兩側凹陷。

2. **中臉**
   改善淚溝、眼袋及法令紋拉
   提，還有蘋果肌效果。

3. **下臉部**
   直接拉提下臉作用，也可
   拉提原本雙下巴的鬆弛皮
   膚，視覺上呈顯V臉。

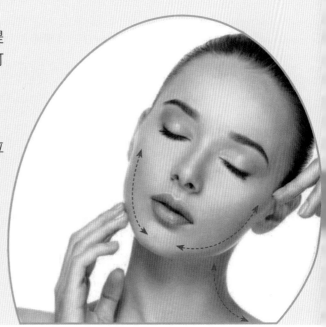

另外童顏針／精靈針可以刺激膠原蛋白增生，也可改善臉部凹陷
與下垂。

Sculptra舒顏萃（俗稱童顏針），成分是PLLA聚左旋乳酸。是一
種與生物相容且能在體內自行分解代謝的物質，進入體內後會吸

引自身的纖維母細胞靠近，並刺激纖維母細胞產生膠原蛋白，使肌膚恢復其豐潤、彈性。目前被廣泛運用在改善臉部老化問題，已被使用超過20年，可以說是醫美界不能錯過的「經典」。

舒顏萃具有皺紋撫平、凹陷填補、緊緻拉提肌膚、改善輪廓線條等作用，達到逐步漸進式的偷偷變美效果。

一般來說，採用童顏針治療會視情況分次施打，通常平均為3次治療，每次間隔4～6週。凹陷較嚴重者，可能需要更多次治療，加上膠原蛋白增生需要時間，因此在術後約1至3個月才會慢慢展現治療成效，且效果能維持2年之久。

施打舒顏萃後搭配「按摩555原則」：一天5次、一次5分鐘、連續5天，可使聚左旋乳酸分佈更加均勻，加速膠原蛋白增生，治療效果也會更自然。

而AestheFill®艾麗斯（俗稱精靈針）成分是PDLLA聚雙旋乳酸，是一種新型態的專業技術，經由配置濃度的調整，結合了「立即填補」和「刺激膠原蛋白增生」兩種效果，不但能夠增生膠原蛋白，也能撫平臉上的皺紋、凹陷，改善臉部線條、加強臉部曲線雕塑，且術後不須按摩，是效果自然的變美療程。

與童顏針相似，但最大不同是術後不用按摩，療程分為3次進行，每次間隔約4～6週，術後約1月開始慢慢展現治療成效，且效果能維持1年半至2年。

這兩款產品皆是目前台灣衛署合法的膠原蛋白增生劑，效果也都不錯，但到底該怎麼選擇？其實取決你想要呈現的方式，就讓我為大家總結一下：

* 想要擁有自然、不被察覺、漸進式的回復臉部澎潤度，可選擇童顏針。

* 如果你想同時擁有立即填補凹陷＋穩定增生膠原蛋白，而且想要快點看到成效，就可選擇精靈針。

童顏針

- ·1個月後有感
- ·維持時間＊＊＊＊
- ·漸進增生膠原蛋白
- ·改善部位：全臉
  （眼、唇除外）
- ·術後需按摩
- ·價格費用：較低

精靈針

- ·1個月後有感
- ·維持時間＊＊＊
- ·可立即填補凹陷或漸進增生膠原蛋白
- ·改善部位：全臉
- ·術後無需按摩
- ·價格費用：較高

Q5

長肝斑就是肝不好？
全方位肌膚打造！

肝斑是困擾超多女性的皮膚問題，大約有 90% 的肝斑患者是女性，但如果你是男生也別急著跳過這篇，因為你身邊的女性親友可能也有這個困擾，而市面上充斥著許多錯誤的觀念，例如：長肝斑就是肝不好？

大錯特錯！肝斑跟肝完全沒有關係啊～還有很多偏方都是花錢傷身，所以大家千萬要注意，今天就來跟大家介紹肝斑，以及正確的治療方式。

肝斑（Melasma）詳細的致病機轉尚未明確，但可確定它是一種「色素沉積的皮膚疾病」，並且跟「慢性發炎」有關。之所以被稱作肝斑，是因為斑塊的顏色類似肝臟的深褐色，所以命名為肝斑，跟肝臟健康與否一點關係都沒有。肝斑的成因大致上跟紫外線、荷爾蒙（口服避孕藥或懷孕）與體質有關，另外化妝品及保養品的不當使用、遺傳、情緒和壓力、藥物、甲狀腺功能等因素也可能導致肝斑形成。肝斑最常出現部位很好辨識，在臉部最容易曬到太陽的位置，例如前額、顴骨、臉頰，通常是對稱的，有時也會出現在前臂或脖子上。另外懷孕也是誘發肝斑形成的主因之一，所以又被稱為孕斑。

▶▶▶　為了健康你可以這麼做

可以多吃含有維生素C的蔬菜水果，對於抑制黑色素的生成有明確的幫助。

▶▶▶　也可以這樣預防與治療

防　曬

說到預防肝斑，除了防曬還是防曬，建議防曬乳要有SPF＞30，PA+++以上，外出前塗抹之外也要適時補充加強，這點沒做好其他都白費，因為不管是藥物或雷射治療都需要長時間（半年甚至更久）所以做好防曬首要！

治療用藥

在治療的部分，目前沒有醫療證實有單一療法能非常有效處理肝斑。最常見的外用藥物為傳統的「三合一藥膏」，就是「對苯二酚」、「A酸」與「外用類固醇」這3種藥物的混合，有高達80%左右的患者可在2個月的療程後，達到顯著的改善。

口服藥部分「傳明酸」也被發現具有抑制黑色素的效果，使用後有8成左右病人能改善，但停藥後有的人會復發，所以肝斑是會復發且難用單一藥物根治的。

雷 射

在雷射的部分，傳統雷射脈衝時間長，帶來的熱傷害多，反而容易反黑，應選擇目的以震碎黑色素及穩定皮膚環境的雷射為主，例如波長1064nm之淨膚雷射及皮秒雷射（這部分後面會再詳細介紹喔！），讓治療肝斑更穩定、不易反黑。

肝斑的預防

防曬

外出防曬SPF30+++以上
適時補充塗抹

日常飲食

多攝取維他命C食物
可有效抑制黑色素

皮秒雷射術前須知

① 術前七天停用口服A酸及外用藥膏，以及任何含水楊酸類的保養品或藥品。

② 先暫停去角質或磨皮，日常避免過度曝曬。

③ 如有重大疾病、特殊服藥需事先告知醫師。

皮秒雷射術後保養

❶ 加強保濕，如冰敷或濕敷，日常記得防曬。

❷ 術後泛紅為正常，泛紅約莫幾小時即會退去。若有結痂勿任意摳落，約3～5天會自然脫落。

❸ 避免至泳池或是溫泉、烤箱、三溫暖等高溫環境。

皮秒常見Q&A

Q 過程會很痛嗎？

A 皮秒雷射進行前會做局部麻醉（敷麻藥）加上治療過程其實很快，基本上不太會有劇烈疼痛感覺，比較多人反應為溫熱感而已。

Q 皮秒做一次就有效果了嗎？

A 治療狀況及效果要依個人膚質為準，建議由經驗豐富的臨床醫師當面諮詢與診斷。

Q 皮秒品牌眾多該如何選擇？

A 最重要的絕對是選擇有美國FDA與台灣TFDA認證的皮秒儀器，才能在安全度上把關，再來品牌跟產地也值得注意，並選擇原廠機器及專業醫師施打，避免花錢還打到假皮秒，得不償失。

私密處的問題讓妳難以啟齒？
絕對不要放著不管！

更年期老化或產後變化都有可能造成陰道乾澀與鬆弛等問題，私密處的問題總讓人覺得有些害羞、難以啟齒，但如果放著不管，不僅可能導致感染或發炎，更甚至會影響與另外一半的相處。

▶▶▶ **為了健康你可以這麼做**

荷爾蒙療法，飲食上均衡飲食，加強植物雌激素（大豆異黃酮）、全穀雜糧、鈣質等攝取。

▶▶▶ 也可以借助醫美的技術來達成你要的效果

兩種簡單、有感的私密處治療方式分別是G緊雷射與薇薇電波。

G緊雷射又稱為私密處雷射,是一種長脈衝跟特定波長的雷射,透過特殊探頭無傷口的私密雷射手術治療,治療深度為約1mm的淺層治療,治療過程無需麻醉、無疼痛,所需時間約為15～20分鐘左右,加上前後清潔與消毒約可抓30分鐘。

G緊雷射可以刺激私密處的膠原蛋白增生,有效的增加濕度、飽滿度跟緊實度也能夠改善輕中度的尿失禁,尤其是產後婦女舉重物、咳嗽或大笑時產生的應力尿失禁都有不錯效果。

薇薇電波是一項無刀的治療,作用深度在黏膜下約5mm的深層組織,利用獨家專利的「Thermage熱世紀電波技術及冷卻系統」進行治療,作用溫度為50～55℃間,探頭

表面設有溫度感應器，每秒50次自動偵測溫度，噴灑適當冷媒，保護陰道黏膜安全，有效解決陰道鬆弛、萎縮、乾澀與尿失禁的困擾。

G緊雷射與薇薇電波兩者都是屬於非侵入性的治療方式，治療過程皆無需麻醉，主要的差別如下：

	G緊雷射	薇薇電波
1 治療方式與過程	非侵入性的治療方式，治療過程皆無需麻醉	非侵入性的治療方式，治療過程皆無需麻醉
2 治療深度	淺層治療	深層治療
3 治療次度	一年2~3次	一年1次
4 治療效果	約7天後開始感受效果	約30天後開始感受效果

Q7

健身怎麼都沒效果？
這樣做讓你輕鬆突破健身撞牆期！

現代健身風潮愈來愈盛行，許多來我診間的患者也都有運動健身的習慣，卻還是抱怨瘦不下來，甚至血糖波動更大。也有些人是平常身體沒有不舒服的感覺，但健檢報告一出來卻有紅字。更有些人身體狀況沒問題，但總是會有一塊贅肉，就算努力減肥瘦身，還是屹立不搖難以消除，像是啤酒肚、生過小孩的肚皮、惱人的掰掰袖、大腿贅肉甚至雙下巴等。「瘦到被風吹走」或是體重上的數字，都已經不再是人們一味追求的目標！更多在意的是體態完美與結實的肌肉線條所呈現出來的美，相信大家都認同吧！但無論如何鍛鍊，肚子的肉總是鬆鬆的？產後腹直肌分離使得肚皮鬆垮、腹部脂肪堆積、屁屁鬆弛……等，尤其年過30歲，新陳代謝降低，體內更容易累積脂肪。

相同重量的體脂肪，體積是肌肉的三倍

▶▶▶ 為了健康你可以這麼做

建議主食：煮熟冷卻的馬鈴薯油醋沙拉、涼拌山藥、水煮玉米當主食。飲食以不飽和脂肪及減少醣類為主。

▶▶▶ 也可以借助醫美的技術來達成你要的效果

冷凍溶脂又稱為「酷塑Coolsculpting」或是「低溫溶脂」，是一種非侵入性的脂肪消除手術，原理是全程透過低溫作用使脂肪自然凋亡，再藉由淋巴和吞噬細胞將破壞的脂肪細胞代謝掉，進而達到治療部位的脂肪消失，改善體型。無傷口且恢復期短，凋亡的脂肪會隨著代謝排出體外，並不會影響身體其他機能。

冷凍溶脂適合對象和部位：

1. 啤酒肚：腹部脂肪堆積者

2. 虎背熊腰：背部肥厚或腰間脂肪堆積者

3. 掰掰袖：手臂脂肪

4. 大腿：大腿內外側脂肪堆積

5. 雙下巴

醫師會依據治療部位脂肪厚度評估需進行幾次療程，通常為2～3次不等。因脂肪代謝需要時間，約治療後約8～12週可看見效果，一般一次療程可達到局部25%的減脂量！後續如搭配運動或是飲食，將能讓效果更顯著及持久。

冷凍溶脂有禁忌嗎？

開放性傷口、皮膚發炎者、冷過敏尋麻疹或是半年內有做過腹部手術、剖腹後患者、雷諾氏症或是裝有心律調節器者……等，須經由醫師評估後方可進行。

另外還有非侵入性、無恢復期體雕的EMSCULPT/EMBODY增肌減脂。

此設備來自英國，擁有專利HIFEM技術（高強度聚焦電磁技術）非侵入性，直接接觸運動神經元，完成自主運動無法做到的「超極限肌肉收縮」，使肌肉產生高強度的擴張及收縮，刺激肌肉生長同時燃燒皮下7cm深層的脂肪，達到增肌減脂效果。

此設備擁有美國FDA、歐盟CE雙認證，是全球獨特的增肌減脂二合一儀器，可同時鍛鍊肌肉及燃燒脂肪的非侵入式療程，平均增加16%的肌肉量、減少19%的脂肪量。醫學研究指出，30分鐘的效果遠勝於20000次仰臥起坐，效果表現良好，且一般激烈訓練後需要拉筋伸展，避免產生運動後乳酸堆積；EMSCULPT®在療程中具有帶走乳酸功能，預防肌肉因為持續運動後積聚大量乳酸而引起的痠痛不適。

誰適合EMSCULPT/EMBODY增肌減脂？

① 肌肉量不足　　　　　② 固定運動但未達滿意體態
③ 產後腹直肌分離　　　④ 臀部鬆垮
⑤ 追求完美線條

很多人最在意的：療程中會痛嗎？一般來說感受僅有肌肉被牽拉的收縮感，並不會熱、刺、痛，但可能會有因肌肉持續運動後積聚大量乳酸而引起的痠痛。

分解脂肪、增加肌肉量需要等待一段時間才能看見明顯效果，一般標準為2個禮拜4次療程，最後一次施作後約2～6週可看見明顯效果。目前文獻顯示約可維持6～12個月，建議術後一樣要維持規律生活及飲食，並適度補充蛋白質以延續治療成效。

EMSCULPT/EMBODY一次療程30分鐘，每次療程至少間隔2～3天。標準療程次數規畫為一週2次，完整治療4次週期。實際狀況須由專業醫師依據每個患者的體型、問題，客製化專屬療程，才能達到雙方共同期望目標。

非侵入性、無恢復期體雕
EMSCULPT／EMBODY增肌減脂

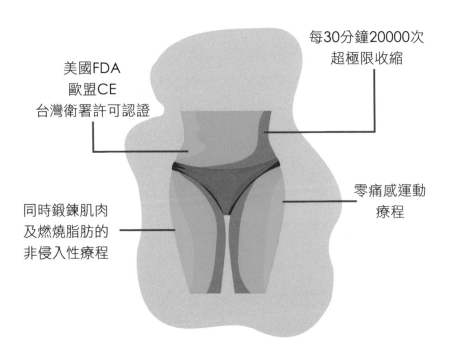

每30分鐘20000次
超極限收縮

美國FDA
歐盟CE
台灣衛署許可認證

零痛感運動
療程

同時鍛鍊肌肉
及燃燒脂肪的
非侵入性療程

Q8

你知道台灣的合法減肥藥
有幾種嗎？減肥沒有捷徑！

你知道在台灣合法的減肥藥有幾種嗎？答案是只有一種！

不少人減肥會嘗試減肥藥來達到快速瘦身的效果，而坊間打著減肥、瘦身功能的產品五花八門，有阻斷油脂吸收、幫助消化代謝、蔬菜濃縮製成的酵素……等各式各樣，但這些都只能稱作減肥輔助食品並非減肥藥物。

至於成分跟來源都標示不明的減肥藥品，可能讓你瘦的快、復胖得更快，新聞也時常報導這些非法減肥藥流通於市面上，吃完後不但會「傷肝、傷腎」，甚至致癌！身為減肥一族一定要注意避免吃到來路不明的藥物。

▶▶▶ 為了健康你可以這麼做

▶ 養成正確減肥觀念，不聽信偏方

▶ 多喝水提高基礎代謝率

▶ 飲食搭配運動是不二法門

▶ 減肥不是只有體重，體脂率也很重要

▶▶▶ 減肥與減肥藥

目前台灣合法的口服減肥藥只有羅氏鮮（Orlistat），Orlistat為胰脂酶抑制劑（pancreatic lipase inhibitor），簡單來說就是可以抑制腸胃道吸收脂肪，並經由腸胃道排出體外。Orlistat平均一餐約阻斷30%的油脂吸收，熱量的攝取減低了，體重自然下降。

在臨床上Orlistat可以改善與肥胖危險因子相關的疾病，如高血壓、高膽固醇血症、非胰島素依賴型糖尿病等，而且必須同時符合以下條件才適合使用：

1. 用來輔助減重

2. 18歲以上、體重過重（BMI值≧25）的成人

3. 配合低卡路里、低脂飲食使用

另外因為服用後大量油脂被排出，所以容易缺乏脂溶性的維生素A、D、E、K，因此在減肥的同時，更需注意補充脂溶性維生素。不過即便是合格減肥藥能帶來瘦身成效，但仍有復胖、出現減肥溜溜球效應，羅氏鮮只能減少油脂的吸收，如果仍然不忌口的大吃美食或垃圾食物，一般的碳水化合物、醣類等照樣能被吸收。

臨床上也建議有服用抗凝血藥物、免疫抑制劑或是孕婦不適合服用，且連續服用最好不要超過3個月。也就是說，如果沒建立正確的飲食觀念，是非常容易復胖的！

最後還是想要提醒大家，減肥藥不是仙丹，減肥也沒有捷徑，想要擁有美好的體態，就要透過緩慢且長期地調整生活習慣，養成健康、營養的飲食加上規律運動，讓身體自然而然習慣這些，並成為生活的一部分才是長久之計。

Q9

擦再多保養品都沒用？
肌膚的深層保濕

很多人都有發現許多醫美療程術後重點跟保養最重要的一點就是「保濕」，在生活中也看到很多廣告強調「保濕」重要性，究竟保濕對肌膚有多重要？許多來我診間諮詢的人也常問我該如何加強保濕？有沒有醫美療程可以快速告別乾燥肌呢？

答案是當然有！以下就讓我來為大家介紹VOLITE保濕針。

所謂肌膚保濕做得好就是角質層的含水量充足，角質層新陳代謝良好，就不容易產生細紋、粉刺與痘痘，會讓皮膚

看起來細緻透亮；如果保濕沒做好，角質層含水量低的時候，就失去張力與彈性，會出現肌膚凹陷、容易感到乾燥緊繃，肌膚明亮度下降及產生細紋等症狀；這時候不管塗抹再多保養品都是治標不治本，因為大部分的外用型「保濕保養品」滲透性較低，保濕效果僅止於表皮層，無法深入肌底。

VOLITE保濕針是一種作為治療用途的注射型凝膠植入物，透過皮內注射的方式，直接將長效保濕玻尿酸注入真皮層，使肌膚達到由內而外的保濕。可填補臉部皮膚表層的凹陷，達到撫平細紋、毛孔粗大等問題，並可增加真皮層含水量。

可施作範圍有臉、頸、胸、手、唇部等易缺水部位，一次療程治療效果滿意度可持續9個月。VOLITE保濕針是專利V鏈結技術（VYCROSS™），混合了長短鏈玻尿酸，可使玻尿酸鏈產生高效交聯作用，打造出柔順且極佳凝聚力的玻尿酸凝膠質地，提升治療效果與持久度。

VOLITE保濕針的成分為玻尿酸和麻醉藥利多卡因
（lidocaine）組成，會添加利多卡因（lidocaine）是因
可減低注射時不適，提高療程舒適度，患者普遍反應治
療舒適度更優於傳統劑型之玻尿酸。而主成分玻尿酸
（HA）是皮膚組織的主要成分之一，能自然存在於人體
肌膚內，VOLITE玻尿酸（HA）進入皮膚後會與皮膚中
的水分結合，達到保濕及除細紋作用。

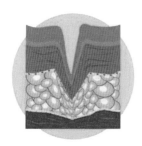
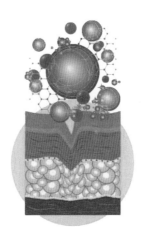

缺水乾燥的肌膚　　　　VOLITE玻尿酸與　　　　達到保濕及
　　　　　　　　　　　皮膚中的水分結合　　　　除細紋作用的肌膚

VOLITE保濕針注意事項

1 單次施打療程約15～20分鐘，保濕效果最長可達9個月，但仍需視各人情況而定。

2 妊娠、哺乳期婦女、患有神經肌肉系統疾病如重症肌無力、多發性硬化、患有嚴重心肝腎肺疾病和結締組織病的人，不能施打玻尿酸。

3 玻尿酸治療後1週內，應避免經常泡澡、三溫暖、烤箱等高溫環境，或過度暴露於陽光或紫外線下。

Q10

想進場保養卻不知道從哪下手？
醫美的始祖－－肉毒桿菌素

新的一年開始許多人都想讓自己有個全新開始，很多人詢問想嘗試醫美微整形改善臉上的缺點，例如皺紋、咀嚼肌等，卻又不知道從哪下手？我推薦不妨可以試試看醫美的始祖——肉毒桿菌素。

除皺紋、瘦小臉、除汗、除狐臭，依肉毒桿菌素作用在神經元的原理，只要局部注射就可以使附近的肌肉放鬆。所以注射肉毒微整形可以有效改善咀嚼肌肥大、皺眉紋、魚尾紋跟抬頭紋，撫平臉部細紋讓外觀變美超有感之外，注射在小腿肌也能達到瘦小腿的功效呢！

另外肉毒桿菌素也會抑制腺體的分泌，所以如果施打在手掌或者腋下，便能有效抑制汗腺達到減少出汗和異味的分泌。

肉毒運用在醫美範圍之廣，堪稱醫美最廣泛的治療之一，也很適合初入門者可以嘗試。

注射肉毒桿菌素注意事項

臉部紋路的改善，通常在第1到第2週效果最明顯，4到6個月時會逐漸失效。
因每個人體質不同，可維持的時間不同，建議半年補打一次。

注射前後注意事項

施打前應先告知醫師自身重大疾病史，且不建議懷孕及哺乳中婦女施打。4小時內勿按摩注射處，勿平躺、勿激烈運動（如咀嚼口香糖）。若有淤血冰敷即可緩解。1週內盡量避免高溫（日曬、溫泉、三溫暖）避免肉毒失效。

注射肉毒會痛嗎？

這是最多人擔心的問題啦～不用擔心，因為注射的針極細，若真的要說感覺，比較多人反應僅有一點點刺痛，疼痛感倒是可接受範圍之內，若真的很怕痛可以跟醫師要求先敷麻藥唷！

肉毒桿菌素可以改善的部位

皺眉紋

抬頭紋

咀嚼肌

魚尾紋

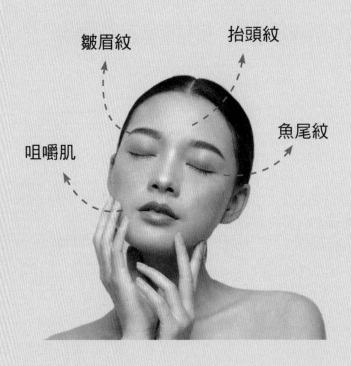

改善腋下異味、多汗

小腿肌

Q11

腿部線條不完美該怎麼辦？
蘿蔔腿的剋星！

在穿上短褲短裙前，擁有一雙勻稱修長的美腿是很多女孩的心願吧！不但可以讓視覺加分，還能拉高整體身材比例。那如果有腿部線條不完美的問題該怎麼辦？其實上一篇跟大家分享過的肉毒桿菌，針對肌肉型的小腿粗壯也可以改善唷！這一篇我就來跟大家分享蘿蔔腿的剋星──肉毒瘦小腿。

首先讓我們複習一下肉毒桿菌的原理。
肉毒桿菌中的肉毒桿菌素，能夠阻止乙醯膽鹼的分泌，使肌肉組織放鬆，當我們肌肉處於放鬆的狀態下，體積就會開始縮小，進而達到改善肌肉發達的效果。使用範圍廣泛用於改善臉部皺紋（例如皺眉紋、魚尾紋）、咀嚼肌肥大、國字臉等，也可以用在小腿肌發達也就是人稱的蘿蔔腿治療上。

▶▶▶ 蘿蔔腿是什麼？

肉眼可見小腿肚明顯的肥壯（腓腸肌部位），形狀像蘿蔔一樣肥厚飽滿，就是所謂的蘿蔔腿。根據統計，台灣地區女性人口，超過5成以上女性，有蘿蔔腿的困擾。

肉毒桿菌治療蘿蔔腿注射後除了會有些許不明顯極微小針孔，基本上不會有任何不舒服，施打完可以從事正常活動，完全不受影響。

瘦腿手術時不需要麻醉，只需要在小腿兩側肌肉肥厚處進行適量的注射即可，過程大約10分鐘，但術後的效果還是要視個人使用小腿的狀況而定，每次的成果大約可以持續6個月的時間。

肉毒瘦小腿注意事項

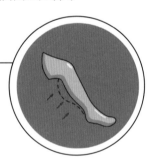

肉毒桿菌素治療蘿蔔腿與治療國字臉原理一樣，注射後除了會有些許不明顯極微小針孔外，基本上不會有任何不舒服，施打完可以從事正常活動，完全不受影響。

術後注意事項

術後可以正常活動，逛街走路都是沒問題的，但要注意在4小時內不要按摩小腿，1週內避開烤箱、蒸汽、三溫暖、泡澡等高溫環境，也不要做會使用到小腿肚的劇烈運動，以免肉毒桿菌素擴散而沒有辦法集中在作用的部位，會讓效果大打折扣。

Q12

臉型總讓你拍照覺得吃虧嗎？
這樣做擊敗頑強咀嚼肌！

許多人跟我抱怨，近距離自拍或合照時，大臉的人總覺得很吃虧。根據統計，最多數人困擾的臉型問題就是國字臉跟大小臉，尤其在亞洲人的觀念，只要臉部線條完美，整體看起來就很順眼，這對大多數的國字臉（咀嚼肌肥大）的人來說真的很不公平對吧？其實國字臉可以不用動削骨手術，只要靠醫美而且是非侵入性的治療就可以改善，接下來就來跟大家分享肉毒瘦小臉，讓我們一起擊敗頑強咀嚼肌！

人體咀嚼的肌肉包括咬肌、顳肌、翼內肌、翼外肌等。大部分咀嚼肌肥大的原因來自於飲食習慣，例如喜歡咀嚼硬物：肉乾、檳榔或是嚼口香糖⋯⋯等，必須大量使用咬肌，或是經常咬緊牙關或磨牙的人，都會使得臉部肌肉過度緊繃，就可能導致咬肌肥大，使臉部下緣看起來寬大僵硬，故有國字臉之稱。

很棒的是，利用肉毒桿菌素注射就可以讓長期緊繃的咬肌放鬆，並且長時間無法收縮，造成肌肉萎縮而達到瘦小臉的效果！注射後臉部線條也會慢慢恢復，就可以擺脫國字臉外觀，連帶改善磨牙問題，顳顎關節此時多了放鬆的機會，睡眠與緊繃的壓力問題都能有所改善。

肉毒瘦小臉注意事項

治療時產生注射部位輕微疼痛、瘀青或浮腫等副作用皆是短暫性的，約在1～2星期後會消失。治療後的第3到第4週瘦臉效果最明顯，但仍須依個人「肌肉使用習慣」決定維持的程度，通常效果可維持半年或更久。

肉毒瘦小臉施打位置

人體咀嚼的肌肉包括咬肌、顳肌、翼內肌、翼外肌等咬肌（Masseter）是負責咀嚼動作的最主要肌肉，肉毒桿菌素也是施打於此。

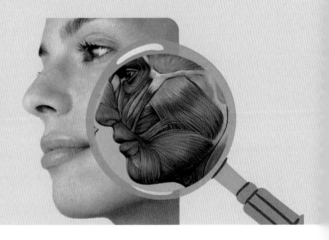

Q13

天鵝頸可以後天養成？
快速拯救你的上交叉症候群

許多女孩夏天都喜歡穿露肩或一字領上衣，每次看到頒獎典禮紅毯上女星穿著禮服露出性感鎖骨跟漂亮的脖子線條、沒有半點贅肉的肩頸，視覺上都覺得格外賞心悅目，但現代人長時間彎腰駝背加上低頭滑手機、打電腦等，習慣性地聳肩讓肌肉緊繃，甚至是脖子前傾、脊椎側彎，這類的姿勢不良，統稱「上交叉症候群」，除了會造成壓力、失眠等文明病之外，上身體態也跟天鵝頸相差甚遠，不僅視覺上顯胖、脖子粗短笨重，穿起衣服也不好看，除了積極健身打造線條之外，許多人都常問我有沒有更快速的醫美療程可以拯救一下呢？

答案是有的！利用肉毒桿菌素施打就能達到效果，在前幾個篇章我們已經了解肉毒瘦肌肉主要原理，藉由肉毒桿菌素能阻止乙醯

膽鹼的分泌並阻斷肌肉與神經訊號連接的功用，讓緊繃收縮的肌肉能得到放鬆，當我們肌肉處於放鬆的狀態下，體積就會開始縮小，進而達到視覺上纖瘦、雕塑肌肉線條的效果。

肉毒瘦肩針主要打在負責控制肩膀收縮的肌肉「斜方肌」，不僅能放鬆並改善肩部肌肉線條，讓視覺上看起來纖細，同時還能改善肩頸痠痛、矯正姿勢不良所導致的「虎背」熊腰、烏龜脖、水牛肩等問題，也能輕鬆駕馭一字領或露肩的衣服。

▶▶▶ 肉毒瘦肩針適合：

1. 脖子較短或鎖骨不明顯者

2. 脖子前傾、易聳肩等長時間姿勢不良造成肩頸僵硬緊繃、痠痛者

3. 斜方肌發達、肩部肌肉渾厚者

4. 想讓頸部線條看起來更完美者

注射完後約1個月後會達到效果，可持續約4～6個月，但若是常使用肩部的人，效果可能比較快就不明顯了，但若持續施打，效果會隨療程次數增加而延長，所以還是要依照個人體質及習慣而定。

Q14

你是低頭族嗎？
跟雙下巴說再見！

你是低頭族嗎？你知道雙下巴的兇手有可能就是長期低頭滑手機造成的嗎？趕快照鏡子看看自己的輪廓線還在不在！拍照時側臉的輪廓線（又稱下頜線、下顎線）是不是都快消失了呢？

現代人滑手機的習慣難以在短時間改善，但幸好，這幾年來醫美的進步和肉毒桿菌素的問世，解救了很多臉部老化、鬆垮問題，而且肉毒桿菌素在醫美的功效幾乎已被廣為認同並且普遍使用，應該也是很多人醫美的首選以及定期療程，前幾個篇章也介紹過肉毒桿菌素除了可以除皺、抑制汗腺分泌，還可以拉提瘦小臉，打造最完美臉部輪廓！這篇就特別來針對肉毒桿菌素的闊頸肌V臉拉提功效做分享。

▶▶▶ 「嘴邊肉」鬆垮下垂主要原因：

1. 膠原蛋白流失失去支撐力量

2. 脂肪堆積在嘴邊加重下垂

3. 闊頸肌肌肉下拉張力

而肉毒拉提便是針對上述第3點「肌肉下拉張力」的原因來改善問題，重拾臉部線條。

因為影響臉形下半部最大的下拉肌肉就是闊頸肌，肉毒拉提改善嘴邊肉及輪廓線（又稱娜芙蒂蒂）指的是利用注射肉毒桿菌素來放鬆闊頸肌，使其下拉的肌力放鬆，相對的，往上的肌力就會變強，鬆弛的臉部便會自然往上拉，藉此改善耳下連結至下巴的下頜線及頸部線條。也因埃及古代有一傳說，世界第一美人娜芙蒂蒂王后最知名的特徵就是漂亮緊緻的下頜線條及修長的脖子，而肉毒桿菌注射得好便能夠修飾下頜線條，因而以她命名。

肉毒拉提注意事項

對臉部肌肉嚴重鬆弛或皮膚組織較厚的人效果有限，可以搭配電音波拉提、消脂針、玻尿酸拉提等複合式治療達到明顯效果。

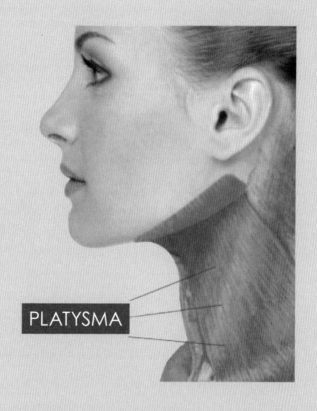

PLATYSMA

肉毒輪廓線拉提原理

肉毒拉提改善嘴邊肉及輪廓線（又稱娜芙蒂蒂）
指的是利用注射肉毒桿菌素來放鬆闊頸肌，使其
下拉的肌力放鬆，相對的，往上的肌力就會變
強，鬆弛的臉部便會自然往上拉，藉此改善耳下
連結至下巴的下頜線及頸部線條。

影響臉形下半部最大的下拉肌肉：闊頸肌

Q15

音波拉提好多種，該怎麼選擇呢？
美國音波 vs 韓國海芙音波

前面的篇章我們有提到音波拉提可以改善下垂的臉部線條。臉部肌膚的膠原蛋白會隨著歲月的累積而逐漸流逝，鬆弛、下垂、皺紋等老化現象很常見，因此拉皮手術總是諮詢度頗高的項目之一，最近有許多人詢問我「音波拉提好多種，該怎麼選擇呢？」

確實，目前在醫美市場上有多種音波拉提的機型，對一般消費者來說容易混淆，且因近年來「音波拉提」針對改善肌膚鬆弛、下垂的改善效果及口碑都備受肯定，成為多數國內外民眾喜愛，如果不是專業醫美從業人員，一定會搞不清楚哪個音波拉提適合自己，且因為價格差異大，一定要做好功課！今天就讓我來為大家介紹最常見的兩款音波，分別是「美國音波vs韓國海芙音波」有哪些差異跟注意事項。

美國 音波	韓國 海芙音波
美國FDA/歐盟CE/ 台灣TFDA許可	歐盟CE/台灣TFDA/ 韓國KFDA汴可
美國製造	韓國製造
中高價位	中價位
同步顯影功能	無同步顯影功能
能量參數可調整	能量參數可調整
三種探頭作用於不同深度	六種探頭作用於不同深度

▶▶▶ 美國Ulthera音波拉提特色及原理

這是由美國研發的超音波拉提儀或稱極線音波拉提，唯一擁有美國FDA食品藥物管理局安全跟有效認證，自2013在台上市，即造成醫美界的旋風，因美國音波具有拉提、改善皺紋等功能，且利用高強度的「聚焦式超音波熱能（MFU-V）」結合「即時清楚的超音波影像」，在皮下筋膜層（SMAS）達到加熱、收緊、刺激膠原蛋白生成，真正由內而外的收緊皮膚，無傷口、免恢復期的特性，加上無須多次治療的優點，綜合評比可媲美傳統手術拉皮的效果，是眾多名媛或女星的定期保養療程，目前全球已累積達百萬治療人次，極具口碑！

▶▶▶ 韓國海芙音波特色及原理

海芙是韓國出的機型，探頭適合較適合東方人的體型，目前第三代海芙音波（Ultraformer III）於2018年通過台灣衛福部許可，具有雙重聚焦科技，分別為微點聚焦（Micro Focused Ultrasound）及廣域聚焦（Macro Focused Ultrasound），故具有拉提及緊緻雙重科技。透過聚焦式超音波將能量作用在臉部真皮層及SMAS筋膜層使其產生熱效應，將能量送達鬆弛老化的結締組織，刺激膠原增生，恢復彈力與彭潤。為非侵入式療程且無傷口，不會有擾人的恢復期，不論是治療能量或參數都可以依據不同皮膚狀態做調整，是一台可使用在臉部及身體的音波拉提儀器。第三代海芙音波推出完整的6種治療深度，分別是1.5mm、2.0mm、3.0mm、4.5mm、6.0mm及9.0mm，能解決眼唇周圍、雙頰下垂、雙下巴及腹部、手臂及大腿等身體垂垮部位，改善肌膚緊實度。

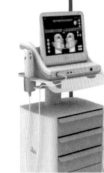

主要適應症

美國 音波	韓國 海芙音波
・眉毛拉提	・臉部眉毛拉提
・鬆弛的頦下拉提	・鬆弛的頦下拉提
・改善前胸的細紋及皺紋、頸部組織拉提（BMI>30者效果較差）	・改善雙頰、下腹及大腿皮膚的緊實

Q16

痘疤、凹疤或粗大毛孔也有
適合的雷射治療嗎？
皮秒雷射 vs 飛梭雷射

前面的篇章我們談到了肝斑，也有蠻多人詢問的是「臉上的痘疤
或是凹疤、粗大毛孔也有適合的雷射治療嗎？」我才發現原來大
部分人都有這類肌膚問題，這篇就讓我來為大家介紹凹洞痘疤與
毛孔粗大治療——皮秒雷射vs
飛梭雷射。

在介紹雷射之前，我們必須
先認識一下痘疤類型。痘疤
的產生，代表著我們的肌膚
因長青春痘且破壞皮膚組織
後所留下的痕跡，大致可分
為三種類型：色素疤、凹

常見的三種痘疤類型

疤、凸疤，而不同型態的痘疤，治療方式也不一樣，有些容易處理，有些卻必須結合多種療程及治療方式才能達到作用。而長期以來，雷射都是治療痘疤常見的方式。

這次主要討論治療的，是其中的「凹疤」治療。凹疤的形成原因，主要是青春痘發炎太厲害且病程冗長，導致組織過度發炎反應，最後形成疤痕組織與皮膚纖維化凹陷。而凹疤在臨床上，又可以區分為三種型態，包括滾動型、車廂型和冰鑿型。

▶▶▶ 凹疤治療則以兩個面向來處理

1. 破壞已經形成的疤痕組織，打斷定型的纖維束

2. 刺激膠原蛋白增生，以填補缺損的皮膚凹洞體積

因此，臨床上是以雷射治療為最基本的方式，而目前雷射就是以皮秒雷射與飛梭雷射為主，其中以皮秒雷射具有相對更佳的效能與效率！

▶▶▶ 皮秒雷射的原理

「皮秒」指的是一個時間的單位，為1秒鐘的一兆分之一，比起傳統雷射的速度快將近1000倍的時間，而皮秒雷射的聚焦式「蜂巢」鏡片，能將能量聚焦來取代傳統飛梭雷射的功能，除了可以

破壞頑固型痘疤，增生膠原蛋白以改善毛孔，更由於蜂巢透鏡可產生空泡效應LIOB（laser-induced optical breakdown），對於凹疤的改善比傳統飛梭更有效率。

空泡效應LIOB（laser-induced optical breakdown）是指強大的雷射能量在真皮層震盪出許多小空泡，這些小空泡可以將真皮組織或糾纏拉扯在一起的疤痕組織鬆開，也就是「光剝離效應」（Laser subcision）。並同步刺激膠原蛋白的新生和重組，改善青春痘產生的凹洞、皮膚的疤痕跟皺紋，且因表面沒有開放性傷口，恢復期也相對短暫。

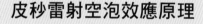

皮秒雷射空泡效應原理

凹陷的肌膚組織　　「空泡效應」的小氣泡　　修復後的肌膚組織

更由於蜂巢透鏡可產生空泡效應LIOB（LASER-INDUCED OPTICAL BREAKDOWN）對於凹疤的改善比傳統飛梭更有效率

▶▶▶ 飛梭雷射的原理

「飛梭雷射」是一種分段式能量輸出的雷射治療模式，其基本原理是將每一個雷射光束，經由電腦控制細分成數百到數千個微小的光點作用在微細傷口，並輸出熱能破壞上皮組織，達到肌膚自體修復的治療方式。因雷射光點變小，治療中疼痛感降低，更有效縮短恢復時間，治療後數小時內，紅腫即消退，無明顯傷口、大幅降低術後照顧不便或感染的風險，可針對全臉、鼻子及兩頰施作。

飛梭雷射可達到肌膚表皮更新，同時雷射之熱作用可達到真皮層，刺激膠原蛋白再生，使整體膚質變光滑、細緻，主要更針對毛孔、痘疤凹洞與阻止皮膚老化有明顯的改善效果！且因雷射作用讓表皮內的黑色素改善，可使膚色均勻明亮，還可淡化曬斑及淺層色素斑。

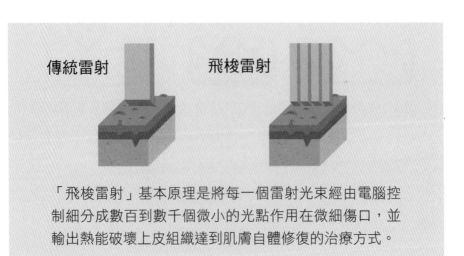

「飛梭雷射」基本原理是將每一個雷射光束經由電腦控制細分成數百到數千個微小的光點作用在微細傷口，並輸出熱能破壞上皮組織達到肌膚自體修復的治療方式。

Q17

打完消脂針可以一勞永逸不會再出現
雙下巴嗎？小部位消脂－－消脂針

前面我們有提過，因為低頭會讓下顎肌膚變得鬆弛，長時間下來就造成雙下巴，而且還會讓頸紋變深，不但如此臉型也容易鬆垮，這個篇章就讓我來跟大家介紹適合小部位消脂的醫美項目——消脂針。

消脂針的原理是把有助脂肪代謝的藥物如脫氧膽酸、卵磷脂及生理鹽水等注射到脂肪層之上，通過溶解脂肪的細胞膜令脂肪凋亡或者直接將脂肪降解，分解成可被吸收消耗的狀態，再隨著新陳代謝排出體外。尤其適合於小面積局部，例如雙下巴。其他面積相較為大的部位，例如蝴蝶袖、副乳、腰腹部、大腿等，則需要較多的劑量與施作次數，才能達到相對理想的效果。

消脂針是什麼？

消脂針的原理是把有助脂肪代謝的藥物注射到脂肪層之上，通過溶解脂肪的細胞膜令脂肪凋亡或者直接將脂肪降解，分解成可被吸收消耗的狀態，再隨著新陳代謝排出體外。

消脂針尤其適合於小面積局部，例如雙下巴、蝴蝶袖、副乳等部位。

消脂針最大的優點就是無須深度麻醉、無需手術，復原期也很短，為目前微整型、非手術類局部減肥最為安全、有效的方法。疼痛感相對其他消脂手術較為輕微。

消脂針好處

 無須深度麻醉、復原期短

 比起抽脂手術，風險相對減少

 國內外臨床案例多，為目前非侵入性局部減肥最為安全、有效的方法

消脂針術後注意事項

❶ 注射消脂針後會出現輕微浮腫及灼痛感，有些人會出現瘀青瘀血，這時可冰敷或遵照醫師指示服用止痛藥緩降腫脹及疼痛感，1～2星期腫脹及瘀血即會消失。

❷ 極少數人在消脂針引起的瘀青腫脹消退之後，注射部位會出現硬塊結節，加強局部按摩及熱敷即可改善。

❸ 消脂針應在注射後2～4週出現消脂效果，1個月達到完整作用後，可評估是否需要再次注射以達到更理想的效果。效果可維持3～5年，但個體差異及生活習慣會影響溶脂針的效果。

消脂針常見問題

Q 打完消脂針一勞永逸不會再出現雙下巴嗎？

A 消脂針主要是脂肪細胞總量永久性的減少，但一般效果可維持3～5年而非永久性。主要是因為之後體內新陳代謝效率的改變、脂肪飲食攝取過多以及荷爾蒙的影響等，進而造成剩餘的脂肪細胞增胖，此現象並非復胖，因而可藉由再次的消脂針注射來達到減少脂肪細胞的需求。

Q18

雷射除毛好痛又反黑？
這個夏天我要很清爽！

夏天穿上無袖跟比基尼的時候，很多追求美觀、清爽的人會想嘗試永久醫美雷射除毛療程，但又怕痛或會有反黑副作用。值得做嗎？效果好嗎？這個篇章我就來跟大家介紹一下腋下、私密處及全身的雷射除毛小知識。

雷射除毛比起傳統除毛（除毛刀、蜜蠟、除毛膏）成效較好、不易引起毛囊炎，而且可以同步美白、安全衛生。基本上就是利用雷射的能量穿透皮膚，進入毛

囊，使毛囊細胞中的色素吸收雷射光的能量，加以破壞並停止毛髮生長，毛孔會萎縮變小，並增生膠原蛋白，所以通常皮膚也會較光滑細緻。

市面上雷射除毛又分為光纖、亞歷山大、脈衝光、無痛真空雷射。每一種類別都各有優缺點。最常見的是「光纖雷射」，價位也最親民，適合一般小資族，一般毛量做6～10次療程可以除乾淨，同時也能讓肌膚更加白皙。但對於毛髮比較旺盛的人就達不到成效，可以嘗試「亞歷山大雷射」，大約8～12次療程後毛囊就會自然脫落，達到最佳的除毛效果，同時也會淡化毛囊中的黑色素。

再來就是針對怕痛的人也有新的選擇，例如「冰肌除毛雷射」或是「無痛真空除毛」，治療過程不需敷麻藥。小至針對臉上的小汗毛、鬢毛，大至手腳毛甚至是最為敏感的比基尼線，在治療上也幾乎不會感到任何疼痛，成效也不錯，通常療程後不到一個月的時間，殘留的細小毛髮便會自動脫落，也同步達到白皙作用。

Q：雷射除毛可以永久除毛嗎？

A：每次療程毛髮會慢慢變少變細，連續進行療
　　程才會有效，而成果也會因個人體質有所不
　　同，建議按照醫師建議的時間做「6～12」次
　　以達到完整的除毛效果。雷射的永久除毛定
　　義，為90%以上的毛髮清除，僅殘留一些極
　　細不明顯的毛髮，即為永久除毛。

**Q：雷射除毛有無副作用？治療後需要做什
　　麼保養？**

A：現在的雷射除毛技術成熟，很少會產生副作
　　用，術後局部偶爾會有發紅，只要注意加強
　　保濕與防曬，便可避免反黑現象。

Q19

如何快速解決惱人的小瑕疵？
淨膚雷射 vs 皮秒雷射

許多人常問我關於夏季烈日下容易曬出的斑點、或是膚色不均、暗沉、痘疤等問題，除了保養品之外，該利用哪種醫美的「雷射」達到快速解決的效果呢？如果有痘疤或是斑點等小瑕疵，感覺就不是那麼完美。這個篇章就來深入介紹斑點的種類與治療以及淨膚、皮秒雷射該如何選擇。

「黑斑」只是一個統稱，想要除斑就要先知道臉上的斑屬於哪種，以下是常見的5種不同類型斑點：

1. **雀斑**：雀斑形成的原因，主要與遺傳有關，常見於歐美人，好發於臉頰兩側，外型通常為淡褐色，會隨著陽光照射增多，像是芝麻大小密佈於兩頰。

2. **曬斑**：主要是紫外線照射引起的表皮黑色素增生。

3. **老人斑**：隨著年紀增長加上陽光照射，使得表皮增厚、角質化而形成的黑色突起斑塊，大小不一，除了臉部，手腳四肢也是常見好發部位。

4. **肝斑**：好發於產後與50歲左右更年期的女性，也是最困擾女性的一種黑斑，多出現於顴骨及兩頰處，常見於產後，也稱黃褐斑，在曬太陽後顏色會變深。

5. **色素沉澱**：最常見的就是「發炎後色素沉澱」。譬如燒燙傷、痘痘、蚊蟲叮咬、接觸性皮膚炎、異位性皮膚炎、搔抓、創傷或割傷等等，在皮膚發炎之後，就會變成斑點殘留在皮膚上。

常見的五種不同類型斑點

1. 雀斑
2. 曬斑
3. 老人斑
4. 肝斑
5. 色素沉澱

而「雷射」簡單來說就是用波長將高強度能量破壞皮膚已生成的黑色素，同時引起刺激肌膚重新生成膠原蛋白達到修復效果。

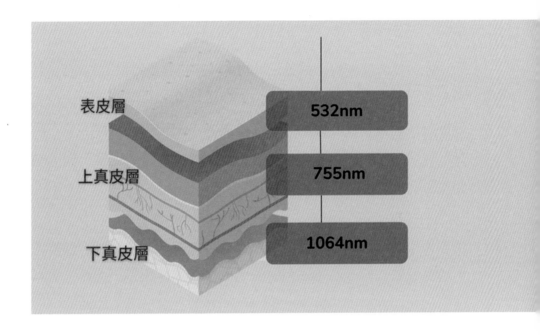

接下來我們就針對淨膚雷射vs皮秒雷射做進一步介紹：

▶▶▶　淨膚雷射

一般坊間的淨膚雷射是淡斑、亮白的主流儀器。其波長為1,064及532奈米（nm），1,064nm波長能進到真皮組織，破壞較深層的黑色素後讓人體自行代謝吸收，並且可以刺激膠原蛋白再生，再由身體吸收代謝，且此種治療偏向肌膚的日常保養，主要是針對肌膚的膚色不均、暗沉以及縮小毛孔等進行修復，也可以間接的改善毛孔大小跟痘痘、粉刺等問題。

▶▶▶ 皮秒雷射

「皮秒」我們前面有介紹過,指的是一個時間的單位,為1秒鐘的一兆分之一,比起傳統雷射的速度快將近1000倍的時間,大幅降低雷射治療對皮膚造成的疼痛感及傷害,聚焦在表皮層,上下的雙層作用讓分解黑色素上的強度也比淨膚雷射來得更強,對於頑固型的斑更能發揮作用。

舉例來說如果淨膚雷射是將黑色素破壞成塊狀,皮秒雷射就能達到破壞成粉末狀的程度,能更有效率改善斑點暗沉。同時,皮秒擁有聚焦式探頭的「蜂巢式透鏡」,更能有效改善毛孔粗大、痘疤、凹疤等問題。

整個治療過程舒適、術後恢復期短,做完後也能感受到肌膚狀況有明顯改善。

淨膚雷射   VS   皮秒雷射

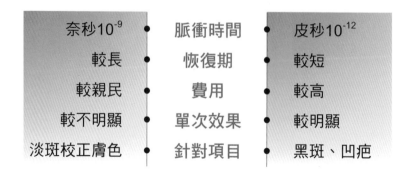

淨膚雷射	項目	皮秒雷射
奈秒10^{-9}	脈衝時間	皮秒10^{-12}
較長	恢復期	較短
較親民	費用	較高
較不明顯	單次效果	較明顯
淡斑校正膚色	針對項目	黑斑、凹疤

Q20

鳳凰電波有多大威力？
我們一起與時光逆行！

這一兩年來如果要說醫美界裡最多客人詢問跟討論的話題，應該就是由知名女星代言，號稱與時光逆行的「鳳凰電波」莫屬了！尤其輕熟齡肌，想改善臉部鬆弛、眼周下垂、嘴邊肉或雙下巴，甚至身體肌膚鬆垂，例如：蝴蝶袖、產後肚皮鬆弛及後臀等部位，皆適合此療程。究竟鳳凰電波有多大威力，這個篇章就來跟大家介紹一下。

鳳凰電波為美國FDA及台灣衛福部認可，是正宗電波拉提的最新一代科技。採非侵入性、利用單極電波獨家科技，每秒振盪約678萬次高頻電流（RF），產生約55～65°C熱能，以3D立體容積式加熱原理，達到深層肌膚全層均勻加熱，包括真皮層和皮下組織，

幫助刺激更多膠原蛋白和彈力蛋白新生重組，達到除皺以及全面緊緻肌膚效果。

▶▶▶ **鳳凰電波優勢：**

1. 比上一代更精準的肌膚能量

2. 更節省25%療程時間

3. 改良模式提升舒適度以及立即性的緊緻效果，無須恢復期

4. 大部分的人在治療後約1～3個月即可逐漸看到效果

5. 約3～6個月時達到最完美的效果，並可維持約1年至1年半以上

最後要提醒大家認明原廠機器之外，治療時也要向診所請求原廠探頭當場開封，除了認明防偽的雷射標籤貼紙之外也可以掃描QR code查詢原廠資訊，避免用到山寨機或回收探頭導致肌膚不良反應唷！

Q21

鳳凰電波很萬用？
深入了解眼周＋身體鳳凰電波

上一篇跟大家分享了「鳳凰電波」，很多人以為鳳凰電波只針對臉部輪廓的鬆垮治療，但其實它細緻到眼周、廣泛到全身（譬如腹部、手臂）的鬆弛治療也很有效唷！若是再搭配體雕儀器一起治療更能達到緊緻的曲線，這次就帶大家來了解眼周及身體的鳳凰電波。

▶▶▶ 快速複習一下鳳凰電波是什麼？

鳳凰電波是第四代的電波拉皮療程，是一種非侵入性的療程，透過熱能將肌膚層容積式加熱，包括表皮、真皮及皮下組織層，促使膠原蛋白重組與新陳代謝增生，因此鳳凰電波對於全臉輪廓緊緻，有立即顯著的效果，更能夠刺激膠原蛋白增生讓肌膚Q彈稚嫩。

第4代鳳凰電波因加強療程能夠加熱的體積與深度,所以探頭種類也更多,主要有4色探頭,分別是:

1. 綠色的碧眼電波探頭:針對眼周肌膚進行緊緻拉提

2. 藍色的藍鑽電波探頭:精準治療範圍,適合四肢及全臉使用

3. 紫色的紫鑽電波探頭:智能探頭精準度再升級,治療速度省25%、治療面積多33%

4. 橘色的美體黃金電波探頭:振動模式改良發數多增加100發,適合身體大面積的使用

現代人用眼過度,很容易導致眼周皮膚老化或是出細紋、暗沉等顯老症狀。想改善眼周老化皺紋或眼皮下垂,除了可以用我們介紹過的肉毒桿菌除皺,也很適合用眼周鳳凰電波「碧眼探頭」治療,新一代的探頭外型做了改變,更適應眼眶骨的弧度,治療更精準,更能改善眼周下垂與鬆弛的效果,呈現晶亮的明眸。

而原本就是針對身體治療所設計的美體黃金電波探頭,可用於身體治療的運用範圍又更廣了,可以針對腹部、大腿前側、膝蓋上方等部位的鬆弛肌膚進行改善,尤其適合用於緊實女性產後的腹部鬆弛,以及老化流失而逐漸鬆弛的蝴蝶袖、掰掰袖都能用3D立體容積式、由外而內的加熱方式,將熱能從傳遞至深層肌膚進行加熱,另一方面也讓膠原蛋白遇熱收縮,刺激增生進而讓肌膚恢復緊實彈性,淡化細紋、改善老化鬆弛的肌膚。

Q22

有辦法讓拉提效果更好嗎？
醫師推薦的線雕拉提

前面的篇章介紹了這麼多種醫美，相信你對醫美的知識跟常識都
有一定的認識。許多人嘗試了電波、音波拉提後感受到臉部每寸
肌膚緊實拉提的感覺非常棒，而且法令紋、跟細小的魚尾紋也改
善了許多，那還有什麼方法可以讓拉提效果更好嗎？

這時候想跟大家推薦的就是線雕，這個名詞或許你覺得陌生，
但就是俗稱的「複合式埋線拉提」，說到這，相信你略有耳聞
了吧！

線雕拉提是將醫療線材植入臉部肌膚組織，經由針孔大小的入口把縫線放入臉部的皮下脂肪層或筋膜層附近，改善臉部皮膚鬆弛的組織，手術施做當天就能看到效果，而且相較於傳統拉皮手術更快速、恢復期也更短。有些線材本身的材質還能達到活化母纖維細胞、刺進膠原增生等，而線材會被人體自行吸收，不需擔心遺留人體組織內會有後遺症。

線雕拉提適合臉部嘴邊肉或輪廓線開始下垂、法令紋明顯、害怕動刀進行拉皮手術者、試過各種拉提仍不滿意者、想減緩老化者。

線雕拉提術後注意事項

1 臉頰局部可能有輕微泛紅、腫脹、搔癢、緊繃感或瘀青等現象，可利用冰敷減緩不適，通常於1～3天內舒緩改善，並請勿過度揉捏或按壓治療區域。

2 欲執行其他治療（如雷射光療、微整形、換膚或音波和電波拉提療程等），應至少間隔1～2個月，請諮詢專業醫師評估建議。

3 1週內勿抽菸、喝酒，以避免影響傷口癒合。

4 請於治療後1週及1個月後預約回診，讓醫師檢查手術部位及效果。

線雕拉提常見問題

Q　線雕拉提需要全身麻醉嗎？
A　不用，只需要局部麻醉即可。

Q　線雕拉提效果可以維持多久？
A　針對每個人的實際狀況，效果約為維持1～2年。

什麼是線雕拉提？

線雕拉提是將醫療線材植入臉部肌膚組織，經由針孔大小的入口把縫線放入臉部的皮下脂肪層或筋膜層附近，改善臉部皮膚鬆弛的組織。

施做手術當天就能看到效果，而且相較於傳統拉皮手術更快速、恢復期也更短。

PART
2

謝醫師親自分享個案！
跟著謝醫師自我檢視

糖尿病不等於判死刑！
教你如何在糖尿病的拔河比賽中獲勝

代謝症候群上身？
先從正確吃早餐做起！

很多人都說「早餐要吃得像皇帝」，其實重點不在早餐吃下多少量，而是要「吃對食物」，吃錯更易罹患代謝症候群。

Mike今年56歲，身高168公分、體重85公斤，以身高來看體重偏重，但因為沒有明顯不適，因此他都沒有特別運動、減重，職業是在工廠上班，平常會抽煙（1包／天）、喝藥酒。

最新檢驗報告

身高 168cm
年齡 56歲
體重 85kg

過去病史
糖尿病
高血壓
高血脂

數值均為**紅字**
已符合**代謝症候群**

156/90 血壓

210 三酸甘油脂

37 高密度膽固醇

150 空腹血糖

7.5 糖化血色素

105 腰圍

主訴 每三個月定期回診，追蹤抽血，拿連續處方慢性病藥物。

我正想說最近怎麼數字不漂亮？看診燈號輪到他，進來，他說剛剛抽完血之後，就去診所對面吃早餐，我問他吃了什麼？他說吃了燒餅油條、飯糰、蛋餅、米漿，他說自己一定要吃這樣豐盛的早餐才能幹體力活！最近都習慣這樣的組合，覺得吃起來又飽又滿足！

代謝症候群判定標準

病患數值		
腰圍 105	腹部肥胖	男性的腰圍≧90cm（35吋）女性的腰圍≧80cm（31吋）
血壓 156/90	血壓偏高	收縮壓≧130mmHg或 舒張壓≧85mmHg 或是服用醫師處方高血壓治療藥
空腹血糖 150	空腹血糖偏高	空腹血糖值≧100mg/dL，或是服用醫師處方治療糖尿病藥物
三酸甘油脂 210	空腹三酸甘油酯偏高	空腹三酸甘油酯≧150mg/dL，或是服用醫師處方降三酸甘油酯藥物
高密度膽固醇 37	高密度脂蛋白膽固醇偏低	男性＜40mg/dL 女性＜50mg/dL

以上組成因子，符合三項（含）以上即可判定為代謝症候群。

這是很典型的**高油高澱粉高糖的早餐組合**，於是我找到了他一系列
紅字的主因了。熱量高又甜的早餐，無纖維，也缺乏優良蛋白質。

代謝症候群是一群容易導致心血管疾病的危險因子的總稱，而非
是一個疾病，因此在診斷上仍應依其所具有的各個危險因子進行
臨床診斷。

吃錯事小，但長期對於糖尿病沒有警覺，也會導致血糖惡化，日
後引發嚴重併發症，就像這位病人，已經罹患糖尿病仍不忌口，
大吃油條、飯糰、米漿其實是相當危險的。

糖尿病併發症

大血管病變	‧心臟血管病變：心股梗塞、心臟冠狀動脈阻塞 ‧腦部血管病變：栓塞性腦中風、暫時性缺血 ‧下肢血管病變：間接性跛行
小血管病變	‧視網膜病變：視力模糊、視力缺損或失明 ‧腎病變：蛋白尿、尿毒症
神經病變	瀰漫型周邊神經病變：關節疼痛麻木、對溫度和疼痛的感受變差
足部病變	傷口不易癒合，容易造成足部細菌生長，提高感染風險，進而造成蜂窩性組織炎

綠燈食物 **變換吃**

水煮蛋／荷包蛋
蒸地瓜／烤地瓜
雞胸肉／里肌肉三明治
蔬菜／原味／玉米蛋餅
饅頭夾蛋／蘿蔔糕加蛋
三角飯糰
起司
菜包
優格
優格水果沙拉
綜合堅果穀片
豆漿／米漿
鮮奶／優酪乳
番茄／小黃瓜／香蕉
美生菜等蔬果

黃燈食物 **偶爾吃**

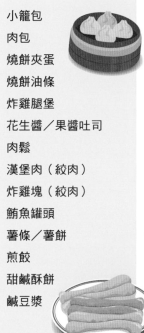

小籠包
肉包
燒餅夾蛋
燒餅油條
炸雞腿堡
花生醬／果醬吐司
肉鬆
漢堡肉（絞肉）
炸雞塊（絞肉）
鮪魚罐頭
薯條／薯餅
煎餃
甜鹹酥餅
鹹豆漿

紅燈食物 **不要吃**

鐵板麵
火腿
培根
熱狗
奶茶（奶精）
可樂
咖啡
各式茶類
巧克力醬吐司
（紅燈食物多為加
工品、單純含糖食
物或含有非兒童需
要的營養素）

依照營養的多寡，董氏基金會提出健康早餐五大原則：

1. 以全穀為主食　　4. 搭配蔬果

2. 選擇優質蛋白質　5. 種類多樣化

3. 油糖鹽盡量少

並且把早餐分成3類，分別是：綠燈每天變換吃、黃燈偶爾吃、紅燈盡量少吃或不吃。

早餐需要的是**全穀雜糧類、優質蛋白質並且搭配蔬果**。建議從綠燈食材中去挑選搭配，例如全麥饅頭、水煮蛋、優格沙拉水果、牛奶等，每天排列組合一下，營養滿分也不容易吃膩。

至於小籠包、燒餅夾蛋、漢堡等也都是很常見的早餐選項，但營養上卻是黃燈食物，雖然有澱粉類及蛋白質的營養，但卻隱含大量油脂及加工物，對身體容易造成負擔，建議偶爾吃即可。

重口味的鐵板麵，油脂含量過高、調味太重，早餐吃太油膩不好消化，容易會造成腸胃道負擔；可樂、汽水等含糖高GI飲料，會讓血糖瞬間升高，才到學校、公司就想睡覺。

長期吃高油、高糖的食物當早餐，除了有肥胖問題之外，也會影響專注力，讓學習力降低。

另外，早餐店常見的奶茶，建議**用鮮奶取代奶精**，以減少不健康的液態奶精或奶精粉攝取，但還是要小心茶類所含的咖啡因，15歲以下的小朋友正值發育期，不建議長期食用含有咖啡因的茶類、飲料。

Case 個案 2
新陳代謝異常壞處一籮筐，引起後續併發症不可小覷

若新陳代謝異常，不但會出現代謝症候群，提高糖尿病、腎臟病、高血脂症等慢性疾病罹患率，甚至會引發腎臟疾病。

陳大哥今年60歲，身高175公分、體重90公斤，中廣身材腹部肥胖，有高血壓及糖尿病史多年，空腹血糖常常是300以上，我建議他規律服藥。但是他藥物服從性不佳，開立3個月連續處方簽常常半年才回診，因為常常忘記吃藥。

最新檢驗報告

身高 175cm
年齡 60歲
體重 90kg

過去病史
高血壓
慢性糖尿病

數值均為**紅字**
已符合**代謝症候群**

160/100 血壓
180 三酸甘油脂
30 高密度膽固醇
50 腎絲球過濾率
300 尿蛋白
320 空腹血糖

> **主訴**　這次回診主因，是因為最近幾個月下肢有明顯水腫現象，伴隨尿尿有許多泡沫。

我診斷他符合代謝症候群的診斷，並且合併糖尿病引起的腎病變，對於腎臟已經造成不可逆的傷害，我建議他一定要開始嚴加控管血糖及血壓，避免進入腎衰竭而需要洗腎！

代謝症候群非一個疾病，而是由5個因子組成，罹患者會增加心血管及腦血管疾病的機會！這5個因子就是一粗（腹部肥胖）、二高（高血壓、高血糖）、高低血脂異常（高三酸甘油脂、低的高密度膽固醇HDL）。

代謝症候群五大指標

	危險因子	檢查值
一粗	腹部肥胖	腰圍 男性≧90公分（35吋半） 女性≧80公分（31吋半）
二高	血壓偏高	收縮壓≧130毫米汞柱 舒張壓≧85毫米汞柱
	空腹血糖值偏高	≧100mg/dL
血脂異常	三酸甘油脂偏高	≧150mg/dL
	高密度脂蛋白膽固醇偏低	男性＜40mg/dL 女性＜50mg/dL

因此我幫陳大哥上了一堂糖尿病腎病變的課：

▶▶▶　糖尿病腎病變：

1. 糖尿病腎病變是造成國人洗腎的主因，高達**40%**！

2. 腎臟長期過濾高血糖濃度的血液，容易引發腎臟的**小血管病變**。

3. **初期**往往**沒有症狀**，難以自行察覺！由於腎臟損傷過濾功能變差，所以尿液中可能會出現**白蛋白**，稱為**蛋白尿**。可以觀察**尿液**中是否產生「**泡泡**」來鑑別。然而，蛋白尿確實會產生泡泡，但是有泡泡卻**不一定**代表蛋白尿！

4. 主要是檢驗**尿液**的「**微量白蛋白**」與**血液**的「**腎絲球過濾率**」**最準確**！

▶▶▶　預防糖尿病腎病變：

1. 糖尿病友的**首要目標**，就是**控制好血糖**！糖化血色素**<7%**。

2. 血壓：收縮壓**<140**，舒張壓**<80**。

3. 血脂：低密度膽固醇<100，三酸甘油脂<150。

4. 控制體重：BMI<24。

5. 蛋白質適量：**避免增加腎臟負擔**。

6. 戒菸。

7. 攝取足量水分。

▶▶▶ **糖尿病腎病變分期（以佔95%的第二型糖尿病為例）：**

1. **蛋白尿**分為4期：**第3期**蛋白尿每日排出**>300mg**，表示腎臟已進入**不可逆期**。

2. **GFR**分為5期：**第4期GFR<30**，開始出現**明顯症狀**，包括大量蛋白尿、高血壓、高血脂、周邊組織水腫、心肺衰竭症狀等。

3. **GFR第5期**即末期腎病變：身體代謝產物及毒素無法排出體外，進而造成**尿毒症**！嚴重可導致全身器官衰竭，需要**洗腎**或**腎臟移植**才能維持生命。

預防糖尿病腎病變，你可以這樣做！

糖尿病腎病變分期

期別	尿液白蛋白／肌酸酐	腎絲球過濾率
1	正常白蛋白尿期＜30	第一期＞90
2	微白蛋白尿期30-300	第二期89-60
3	白蛋白尿期＞300	第三期59-30
4	末期腎衰竭期	第四期29-15
5	--	第五期＜15

Case 個案 3

真的忙到沒時間自己煮，外食挑對把糖尿病KO！

外食人口相當多！這時候要注意食物「型態」的選擇，過度烹調也跟三高有很大的關連！選擇升糖指數高的食物，很快就會飽，但也很快就餓，而且很快就胖！最可怕的是你不會有什麼不適，但血糖已悄悄爆增。

Sammi小姐是一位28歲女性，身高158公分，體重58公斤，住家裡，在證券公司上班的OL，平常不太運動。

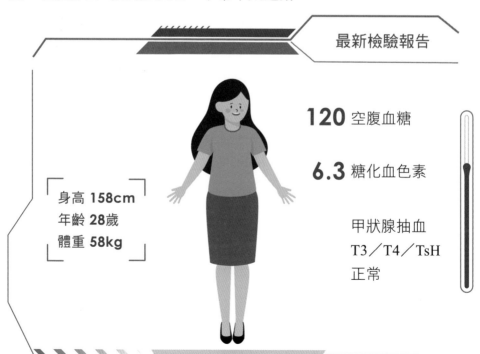

最新檢驗報告

身高 158cm
年齡 28歲
體重 58kg

120 空腹血糖

6.3 糖化血色素

甲狀腺抽血
T3／T4／TsH
正常

> **主訴**　平時**感覺容易飢餓**，體重半年內從50增加到58（這半年增加的很快），但自覺吃的並不多。

我詢問她三餐的內容：公司樓下就是便利超商，證券交易到下午，所以午休時間很短，都靠超商解決午餐。

早餐：稀飯配**肉鬆**跟**醃漬品**、超商的**麵包**（最愛肉鬆麵包）。

午餐：超商的**熱狗堡**、**巧克力麵包**、100%濃縮還原果汁（大部分是糖水）。

晚餐：附近夜市吃**大腸麵線**、**酸辣湯**、**蚵仔煎**（勾芡，升糖快）。

消夜：堅果類（可提高膳食纖維，但**吃太多太油**）。

糖尿病診斷標準

・糖化血色素（HbA1c）6.5%
・空腹血漿血糖 126mg/dL
・口服葡萄糖耐受試驗第2小時，血漿血糖 200mg/dL
・典型的高血糖症狀（多吃、多喝、多尿與體重減輕）且隨機
　血漿血糖 200mg/dL

符合其中1項即可診斷為糖尿病（且前3項需重複驗證2次以
上）。

升糖指數（Glycemic Index，簡稱GI）判斷標準

GI值	高：＞70	巧克力、精製澱粉麵包、100%濃縮還原果汁、勾芡類食物
	中：55～70	義大利麵、糙米、燕麥、芋頭、南瓜
	低：＜55	蔬菜、魚雞肉、纖維質、堅果

依據以上診斷標準，此病患為**糖尿病前期（即抽血檢驗值異常、但尚未符合診斷標準）**，暫時不需要吃藥，以改變飲食及生活型態為主。

GI值簡單來說就是代表我們吃下去的食物，造成血糖上升速度快或慢的數值。

GI值愈高的食物，造成血糖上升的速度就愈快，反之GI值愈低的食物，血糖上升就會比較緩和。

▶▶▶ Sammi 小姐也詢問了幾個問題，以下與各位分享：

Sammi 小姐：各種食物的升糖指數是怎麼知道的呢？

謝醫師：一般我們會先以葡萄糖當作基準，將葡萄糖的GI值訂為100。其它食物再拿來和葡萄糖做比較。

Sammi 小姐：愈甜的東西，GI值就愈高嗎？

謝醫師：並非愈甜的東西GI值就愈高，也並非不甜的東西GI值就很低。例如：白飯的GI值是84，香蕉的GI值是55。是不是出乎妳的意料呢？因為升糖指數的高低牽涉到含糖種類、澱粉結構，也會受食物中的蛋白質、油脂、纖維素影響。大方向是通常加工過的精製食物GI值比較高，而原型食物的GI值比較低。例如：白飯的GI值是84，糙米飯的GI值是56，這就是為什麼我常請糖尿病友把白米飯換成糙米飯，或者至少混和一些糙米來吃。此外「先吃菜、再吃飯」的方式，也有助於緩和血糖上升。

Sammi 小姐：了解升糖指數能幫助我減肥嗎？

 謝醫師：如果我們吃了高升糖指數的食物，血糖上升得比較快，會刺激胰臟分泌比較多的胰島素，胰島素的主要作用在於促進細胞利用糖分，並且使脂肪囤積，也就比較容易發胖。例如：碗粿、勾芡類食物如麵羹，這些粉狀的食物在體內不需要太多消化，就可以被身體吸收。反之如果吃低GI食物之後血糖緩慢上升再緩慢下降，換言之就是「飽足感比較持久」，能夠減少我們吃零食或其它高熱量食物的機會，就比較不容易變胖。例如**蔬菜高纖類食物**。

 Sammi 小姐：所以低GI食物我就可以放心吃囉？

 謝醫師：食物的GI值跟「總熱量」是兩回事。白飯的GI值雖然高，糙米飯的GI值雖然低，但是吃一碗的熱量兩者同樣是280大卡左右，並沒有太大的差別。妳如果覺得糙米飯的GI值很低，就很放心地連吃兩碗，那妳總共吃下了560大卡的熱量，只會胖得更快。有不少富含油脂的食物其GI值也都很低，比如奶油、堅果等，吃這些東西對血糖造成的影響的確不大，但是這些食物的熱量很高。

Case 個案 4

減肥方式百百種，大家都在用的168居然會導致糖尿病上身？

不當減肥法，會造成「反彈性暴食」，更容易增加「糖尿病」的風險？用16／8斷食法的IG網紅女生，追求拍照好看，一天只吃一餐（8小時內），常常餓過頭，下一頓澱粉反而吃更快、吃更多！

林小姐是一位24歲女性，身高160公分，體重48公斤，是個上班族，副業是IG網紅。

最新檢驗報告

抽血報告
甲狀腺皆正常

57 空腹血糖

248 飯後血糖

215 膽固醇

36 高密度膽固醇

165 低密度膽固醇

身高 160cm
年齡 24歲
體重 48kg

> **主訴**　體重半年內減少2kg，但是**頭暈冒冷汗**、**睡眠不好**、**記憶力變差**、**昏沉遲緩**！

林小姐平時**不吃早餐**，從中午12點開始，到晚上8點，一天只進食一餐正餐，即所謂實行**168斷食減肥法**。除了不愛吃正餐，喜歡吃甜點，而接了不少業配如精製蛋糕、巧克力，亦喜歡喝珍珠奶茶當主食，不喜歡吃蔬菜水果。並且由於進食時間有限，怕其他無法進食的時間會餓，所以**每次進食都吃進大量的零食甜點為主**。

168斷食減肥法，醫師有話要說！

重點不是時間16／8，而是跟這段時間內「**吃什麼（內容）**」以及「**吃多少（熱量）**」有關！如果同樣是一天攝取2,000卡，16小時吃完或8小時吃完，其實並沒有差異。

許多人在實施間歇性斷食後體重確實減輕，真正的原因是每日進食時間變短，吃下肚的食物量變少，脂肪、熱量也跟著降低。

也有許多實施間歇性斷食的人因為怕餓或心理壓力，在可以進食的8小時內拚命吃，反而吃下更多脂肪，亦可能因為**血糖波動過大**而增加罹患糖尿病的風險。

挨餓的感受，會讓大腦分泌更多**壓力荷爾蒙**，使人在可進食的時間內吃得更多、更易發胖。壓力荷爾蒙愈多，人愈難進入深層睡眠狀態（失眠）。

孕婦、發育中青少年與幼兒，因為要供給自己或胎兒在成長發育中更多的營養與熱量，因此不建議斷食。

糖尿病患者由於血糖控制不容易，在禁食的16小時內容易有低血糖風險；而在可進食的8小時內，若沒有正確選擇食物，也會造成血糖升高，不建議施行斷食減肥法。

▶▶▶　正確減肥方式—增肌減脂：

想增肌減脂，一天必須吃下體重1.5～2.5倍／克的蛋白質，作為身體生成肌肉的原料。

富含蛋白質的食物如**肉類**、**雞蛋**等，多半較有**飽足感**，一般人難以在短時間內吃太多。**蛋白質攝取不足**或**缺乏運動習慣**，長期下來還會加速**肌肉流失**。

蛋白質是對人體極為重要的營養素：從頭髮、指甲、骨頭、韌帶生長，到合成抗體、荷爾蒙、主掌記憶的神經傳導物質。若攝取不足可能出現**掉髮、指甲斷掉、肌肉量和骨質密度下降、生病復原速度慢、昏沉遲緩、記憶力變差**等副作用。

日常飲食應以**高蛋白、高纖維，低脂肪、低碳水化合物**為大原則。其中，**吃夠蛋白質**更是瘦身成功與否的關鍵。

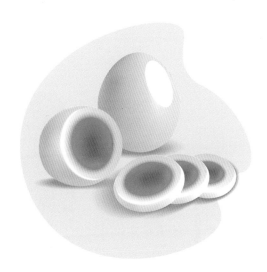

小資族一碗麵
打發一餐到底行不行？

市面上麵食產品非常多，也有很多人常常都是一碗麵就打發正餐，但要注意長期下來不僅可能營養失調，甚至還可能吃出代謝問題。

王先生是一位50歲男性，業務員。身高175公分，體重85公斤，有高血壓及糖尿病史。

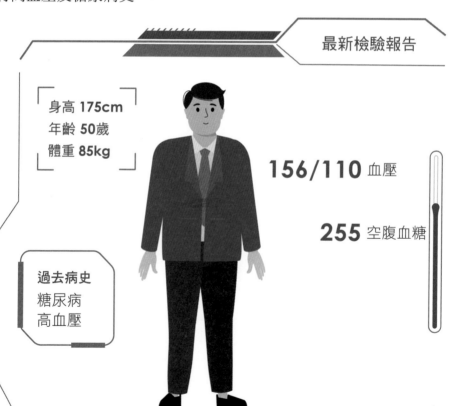

最新檢驗報告

身高 175cm
年齡 50歲
體重 85kg

156/110 血壓

255 空腹血糖

過去病史
糖尿病
高血壓

| 主訴 | 王先生一直都有在吃藥控制，但回診時發現他的**血壓**和**血糖**都偏高，明顯控制不佳，並且覺得整天都很**疲倦無力、肌力減退**。 |

我細問他的生活及飲食狀況，由於跑業務經常外食，且非常熱愛麵食，尤其是**鱔魚意麵、鍋燒意麵、雞絲麵**等，覺得**湯麵類**很有飽足感，跑業務比較不會肚子餓，而且在用餐時**很少吃蔬菜**。

長期下來，由於外食都偏**重口味**，而且這些麵條的**熱量及鈉含量**都超高，難怪造成血壓跟血糖失控！

我建議他調整**飲食內容**，除了麵食改為較為健康的**全麥麵條**，也多攝取**高蛋白**的雞肉魚肉，增加**蔬菜**的食用量，結果不到半年血壓跟血糖就穩定下來，比調整藥物還有效！

▶▶▶ 麵食、白米飯熱量及鹽分差異頗大！

每100克的熟米飯熱量為180大卡，鹽分含量為2毫克。然而，每100克的麵條熱量為350大卡，鹽分含量就高達570毫克！

麵食熱量高主要是製作的過程中會添加**油脂**所導致，如**雞絲麵**及**意麵**甚至經過油炸製成，每100克熱量高達470大卡！若三餐都以麵食為主，會增加**肥胖、糖尿病、心血管疾病**的風險！

成人每日鈉總攝取量不宜超過2400毫克，而意麵的鈉含量就高達1000毫克，大家愛吃的雞絲麵則為2500毫克，若三餐都吃這類的麵食，會增加**腎結石、高血壓、心血管疾病**的風險！

就愛吃麵，當心營養失衡問題多！

脂質缺乏	導致能量攝取不足、必需脂肪酸缺乏、荷爾蒙分泌不足、細胞膜功能不全、生長遲鈍、脂溶性維生素不能被吸收等。
蛋白質缺乏	導致白蛋白降低造成水腫、必需胺基酸不足、肌少症，甚至肌肉萎縮等。
礦物質、維生素缺乏	導致體內新陳代謝疾病，身體慢性發炎及各系統性疾病等。

Case 個案 6

麵還是飯好？
怎麼吃才是關鍵

糖尿病患者為維持血糖的巧妙平衡，對飲食戰戰兢兢，幾乎天天都在煩惱該吃米飯或麵食，難以像正常人一樣想吃什麼就吃什麼。麵條和米飯都是澱粉類主食，在食用上要注意血糖的問題。

陳太太是一位40歲上班族，身高160公分，體重70公斤，有糖尿病史。

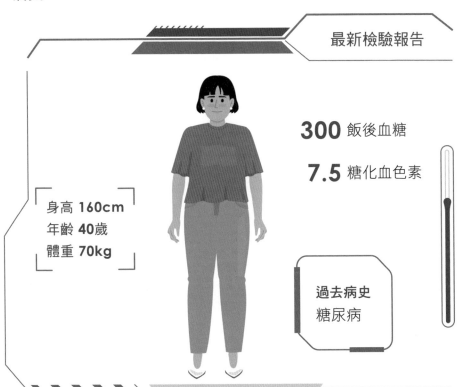

最新檢驗報告

300 飯後血糖

7.5 糖化血色素

身高 **160cm**
年齡 **40歲**
體重 **70kg**

過去病史
糖尿病

> **主訴** 近3個月血糖控制不佳，飯後血糖常飆高到300以上，而且經常感到頭暈冒冷汗。

細問之下，才知道她這3個月為了減肥而施行「168斷食法」，即一天之中連續斷食16小時、僅進食8小時，由於她非常喜歡吃麵食，包括雞絲湯麵、鍋燒意麵、蚵仔麵線、大滷麵等，全都在這僅有的8小時集中進食，而且不喜歡吃蔬果。（這全部是前述案例中的大忌）

結果她在3個月內不但體重沒有減少，反而讓血糖惡化，而且在16小時的空腹期間常常頭暈冒冷汗，呈現低血糖的症狀！

我們再來統整複習一次。糖尿病患者不建議採取168斷食法，原因如下：

1. 糖尿病患者在禁食的16小時內容易有低血糖風險。

2. 在可進食的8小時內，經常報復性進食，容易吃進高糖、高熱量食物，造成血糖升高。

3. 重點不是時間16/8，而是跟這段時間內吃什麼以及吃多少有關！

▶▶▶ 糖尿病患者愛吃麵食，如何有效控制血糖？如何吃才是關鍵！

1. GI值：食物造成血糖上升速度快或慢的數值。GI值愈高，造成血糖上升的速度就愈快，對於糖尿病患者，容易造成血糖波動以及脂肪堆積，甚至增加併發症的產生。

2. 白米飯的GI值是84，烏龍麵的GI值是80，雖然兩者單純來看GI值是相近的；然而，為何兩者的血糖的變化卻表現得不一樣呢？關鍵在吃的方式！

   (1)吃米飯時：會配上肉類及蔬菜等一起吃，蔬菜中的膳食纖維是不能被吸收的，因此減緩了腸道對葡萄糖的吸收速度，血糖升高的速度便會隨之下降。

   (2)吃烏龍麵時：由於麵食的配菜包括肉及蔬菜比例均很少，麵條在口內的咀嚼時間也較少，因此腸胃道吸收速度快，若是湯麵更是容易被吸收，因而造成血糖快速上升。

因此，若要健康吃麵，應該調整進食的順序：蔬菜>清湯（不推薦濃湯、勾芡）>肉品>麵條，這樣可以吃飽又能穩定血糖，一舉數得。

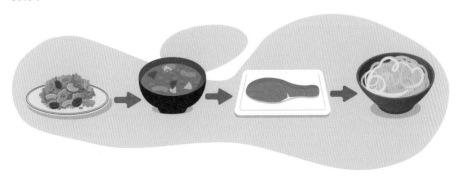

不同筋性有學問，麵粉製品這樣挑！

特高筋麵粉蛋白質含量14％以上	高筋麵粉蛋白質含量11～14％
油條、通心麵及麵筋等	甜麵包、蜂蜜蛋糕酥皮等

中筋麵粉蛋白質含量9～11％	低筋麵粉蛋白質含量6～9％
包子、饅頭、餃子皮、烏龍麵、中華麵等	海綿蛋糕、戚風蛋糕等鬆軟糕點

▶▶▶ 糖尿病患應選高筋麵粉製品！

1. 麵粉依照其**蛋白質的含量**，由多到少分為：特高筋、高筋、中筋、低筋，代表麵粉的**彈性**與**延展性**，因此含量愈高吃起來就愈有**嚼勁**、**Q勁**，**澱粉**的含量就相對愈**少**，相對在營養攝取上較為健康。

2. 糖尿病患應該選擇**澱粉比例較低**的**特高筋**與**高筋麵粉**，除了減少澱粉的**糖分攝**取外，有嚼勁的口感亦可延緩消化吸收的時間，對於血糖控制有幫助。

Case 個案 7

糖尿病血糖控制靠飲食，
　管得住嘴巴就管得住血糖

吃出來的糖尿病！飲食有沒有控管，血糖數值差很大！

黃老師是一位60歲女性的退休教師，平常無規律運動習慣。身高158公分，體重65公斤，有糖尿病史5年，定期門診追蹤拿藥。

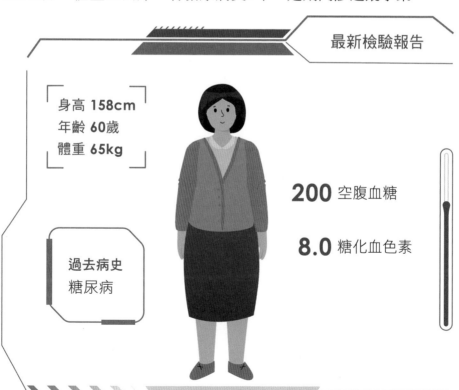

最新檢驗報告

身高 158cm
年齡 60歲
體重 65kg

200 空腹血糖

8.0 糖化血色素

過去病史
糖尿病

> **主訴** 血糖控制不佳，飲食不忌口，喜歡**精製類食物及甜食**，偏食不喜歡吃蔬菜。

經過飲食衛教後，3個月後再回診，抽血數字有顯著的進步！

5個控糖好撇步

① 糖尿病飲食首重碳水化合物攝取　② 富含蛋白質的早餐穩定血糖

③ 飲食增加水溶性纖維攝取　④ 選抗性澱粉助血糖緩升

⑤ 豆類消化慢血糖穩

▶▶▶ **糖尿病血糖控制靠飲食！5個控糖撇步遠離糖尿病：**

1. **糖尿病飲食首重碳水化合物攝取**

   碳水化合物是導致血糖上升的主要原因，第二型糖尿病的患者，女性為每餐約45〜60公克；男性每餐約60〜75公克。碳水化合物通常存在於白飯、麵類、根莖類以及大多數**水果**與麵包甜點。

2. **富含蛋白質的早餐穩定血糖**

   高蛋白質的早餐更能控制體內的血糖值，高蛋白質食物多為**低GI食物**，對於血糖穩定有很大的助益。

3. 飲食增加水溶性纖維攝取

纖維可以減緩碳水化合物的消化和吸收速度，水溶性纖維特別能維持血糖正常。若患有第一型糖尿病的人，可藉由高纖維飲食方式來控制血糖。例如蔬菜、水果、豆類和全穀類食物等。

4. 選抗性澱粉助血糖緩升

馬鈴薯和豆類中，都含有抗性澱粉，定義為人體上消化道不能消化吸收的澱粉組成。小腸無法消化，它就會較完整地進入大腸，然後部分大腸菌群會因消化吸收而成為優勢菌群。可維持健康的腸道環境，對預防高血脂和腸癌等都是有益的。

其他澱粉類食物也有抗性澱粉，如尚未過熟的香蕉、豆類、全麥穀粒、玉米等。

5. 豆類消化慢血糖穩

因為消化豆類的速度慢，所以血糖上升不會過快，屬於低GI食物。豆類也富含葉酸，與降低心血管疾病機率有關。

Case 個案 8

澱粉人的福音！
選對食物也能爽爽吃

馬鈴薯雖然屬於「澱粉根莖類」，但卻含有較多的「抗性澱粉」，所以對於怕胖的族群是很適合的主食類。

Anita是一位40歲的女性上班族，身高160公分，體重70公斤，有糖尿病史。

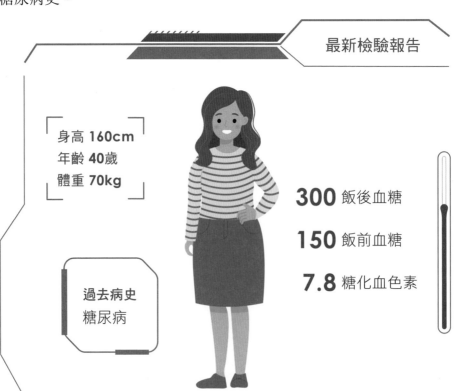

最新檢驗報告

身高 160cm
年齡 40歲
體重 70kg

過去病史
糖尿病

300 飯後血糖

150 飯前血糖

7.8 糖化血色素

| 主訴 | 因為愛吃澱粉，讓糖尿病失控！Anita即使已經使用**多種糖尿病藥物**，**血糖**仍然控制不佳，時常感覺**口乾尿多**。 |

糖尿病的**控制關鍵**在**飲食**，細問之下，她非常喜歡吃**米飯**及**麵食**，包括炒飯、炒麵等熱騰騰的料理，不吃隔夜餐。

衛教：對於愛吃澱粉類的人，不是不能吃澱粉，而是要聰明吃含有「**抗性澱粉**」較多的食物。

抗性澱粉食物

名稱	單位	抗性澱粉含量（克）
香蕉	中等1條	4.7
地瓜	1顆約5公分大小	4
馬鈴薯	1個（水煮冷的）	3.2
糙米	半杯（煮過）	3
玉米	半杯	2
義大利麵	1杯（冷的）	1.9
碗豆	半杯（煮過）	1.6
黑豆	半杯（煮過）	1.5
燕麥	1杯（煮過）	0.7
全麥麵包	2片	0.5

▶▶▶ 何謂抗性澱粉（Resistant Starch，RS）？

抗性澱粉定義為人體胃和小腸不能消化吸收的澱粉，因此無法被
分解成葡萄糖。但可在大腸中被微生物分解成短鏈脂肪酸，對腸
道有益。一般澱粉每公克是4大卡的熱量，而抗性澱粉平均每公
克2.8大卡，因此可以減少熱量的攝取，而消化吸收慢（低GI）
也有利於血糖值控制。

▶▶▶ 抗性澱粉可以分成四類：

1. 第一類：較難消化的食物，例如豆類、全穀類等高纖維食物。

2. 第二類：食物在還未成熟時，例如青皮香蕉、偏硬的玉米等。

3. 第三類：經過加熱煮熟糊化之後再冷卻，由熟變回生澱粉的狀
   態，稱為老化回生（retrogradation）。例如隔夜飯、煮熟放涼
   的馬鈴薯。

4. 第四類：化學加工的修飾澱粉。

▶▶▶ 只要把食物在冰箱裡放一夜，就會有很多抗性澱粉產生嗎？

1. **澱粉食物中支鏈澱粉和直鏈澱粉的比例**

   直鏈澱粉愈多，冷藏後產生的抗性澱粉就比較多。馬鈴薯煮好
   後冷藏，然後涼著吃，GI值會下降30點。相較之下，粽子、湯

圓等**短糯米**幾乎100%是**支鏈**澱粉，即使冷藏24小時後吃涼的，GI值還是居高不下，別指望能減少熱量攝入！

2. **冷藏的食物含有的水分**

含水量60%以上較難以老化回生，因為水分子與澱粉分子已緊密結合。例如米**飯**的含水量60%以下，因此冷飯可以增加抗性澱粉的產生；**粥**的含水量通常達到**85%以上**，就算放在冰箱三天，也只會長愈來愈多的細菌！

3. **冷凍或冷藏效果差異很大**

冷凍的低溫會阻礙分子移動性，進而**阻斷**澱粉回生。

4. **冷著吃，還是再熱吃**

冰過之後再加熱，反而會讓食物充分糊化好吸收！抗性澱粉含量也可能會下降！所以**馬鈴薯**建議搭配沙拉涼著吃最健康！

Case 個案 9 更年期糖尿病友的聖品——山藥

山藥含有人體無法自行製造的胺基酸，對於新陳代謝、細胞組織的再生、內分泌荷爾蒙的重建都有幫助！更年期女性病患可以多吃山藥補充天然荷爾蒙。

王老師是一位50歲退休女教師。身高155公分，體重65公斤，有長年糖尿病史，在我的門診規律拿藥控制，所以血糖相對穩定。

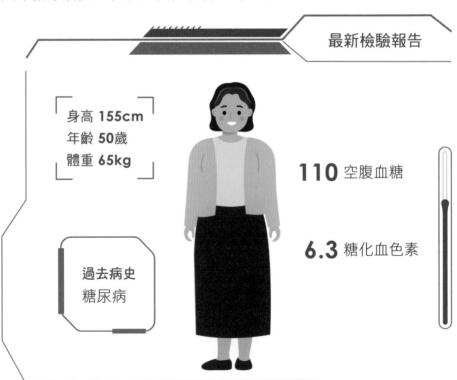

最新檢驗報告

身高 155cm
年齡 50歲
體重 65kg

110 空腹血糖

6.3 糖化血色素

過去病史
糖尿病

> **主訴**　最近半年來，開始有**熱潮紅**（從胸部上端和臉部發作，之後可能逐漸延伸到全身。通常持續2～4分鐘。一天發生好幾次，且常常會在夜晚出現影響睡眠）、**陰道乾燥**、**失眠**、**憂鬱**等症狀來求診。

我診斷她為更年期症候群，她詢問除了荷爾蒙療法之外，飲食上是否還有可以調整的部分。我回答她當然有：**均衡飲食**，加強**植物雌激素（大豆異黃酮）**、**全穀雜糧**、**鈣質**等攝取。

我推薦如可以吃山藥長期下來對於更年期症候群及血糖控制，都有一定程度上的幫助。

▶▶▶　山藥的優點：

山藥又稱淮山，自古以來就被視為補虛佳品。

1. **整腸健胃**

   富含**黏多醣及薯蕷皂苷**，因此口感非常黏滑，可**整腸健胃助消化**。

2. **有助於血糖控制**

   其黏滑成分會包覆腸道內的食物，使糖分緩慢吸收，使血糖得到較好調控。富含**鎂、鋅以及維生素B1**可促進**葡萄糖代謝**，幫助胰島素作用。

3. **改善疲勞**

富含許多人體無法自行製造的**胺基酸、維生素B1、維生素C**等營養素，能夠改善疲勞。

4. **緩和呼吸道不適**

黏多醣及薯蕷皂苷性質黏稠，有**潤滑呼吸器官**的作用，可緩和**喉嚨不適**的症狀。

5. **改善血壓血脂**

薯蕷皂苷對於體內調整血壓與血脂可能有助益。

6. **調節女性荷爾蒙**

薯蕷皂苷是一種天然的荷爾蒙（DHEA），可當作體內荷爾蒙合成的前驅物，對於婦女更年期症狀與不適，包括熱潮紅、失眠、心悸、情緒不佳等，具有改善作用。

Case 個案 10

挑對也要煮對！
以馬鈴薯的烹調為例

白飯屬於精製澱粉，熱量跟升糖指數都偏高，根莖類蔬菜是很好的替代選項，但是根莖類的不同料理方式，食用時仍要慎選！馬鈴薯高升糖，因此料理方式很重要，最好放涼吃！

Eva是一位48歲女性主管，身高173公分，體重60公斤，有糖尿病史。

最新檢驗報告

身高 173cm
年齡 48歲
體重 60kg

過去病史
糖尿病

150 空腹血糖

300 飯後血糠

6.6 糖化血色素

> **主訴**　Eva最近在健身房運動健身減肥，除了練重量訓練及有氧舞蹈外，還聽聞朋友建議從飲食調整著手。由於澱粉類的米飯麵食佔主要熱量來源，因此改以根莖類蔬菜當主食代替，希望同時能減重及控制血糖。

結果3個月下來體重不降反增加5公斤，且血糖波動變大。

細問之下，由於改吃根莖類蔬菜，但卻以**焗烤馬鈴薯泥和奶油烤玉米**為主，其他**原形肉類**和蔬菜則很少攝取。

飲食的概念是對的，但**食物種**類的挑選與**烹飪方式**更是關鍵！建議主食：**煮熟冷卻的馬鈴薯油醋沙拉、涼拌山藥、水煮玉米**當主食，3個月後血糖及體重均獲得改善！

再來複習一次：

 GI值升糖指數定義：

吃下去的食物造成**血糖上升速度快**或慢的數值。GI值愈高，造成血糖上升的速度就愈快；對於**糖尿病患者**，容易造成血糖波動以及脂肪堆積，甚至增加併發症產生。

▶▶▶　如何利用GI值幫助減肥？

1. 高GI食物血糖上升較快、刺激分泌較多的胰島素，促進細胞利用糖分及脂肪囤積，較容易發胖。

2. 低GI血糖緩慢上升，換言之「飽足感較持久」，能減少我們攝取其它高熱量食物的機會，就比較不容易變胖。例如根莖類蔬菜。

▶▶▶　莖類熱量及GI值遠小於白飯：

1. 白飯屬於精製澱粉，每100公克熱量約140大卡；馬鈴薯約76大卡，幾乎是兩倍！絕大部分根莖類蔬菜的熱量小於140大卡。

2. 白飯GI值為84，水煮馬鈴薯為90，兩者差不多；但馬鈴薯煮熟冷卻後GI值降為56，對於血糖控制相對有利。絕大部分根莖類蔬菜的GI值小於84。

3. 以根莖類蔬菜來取代白飯，不但熱量及GI值較低，抗性澱粉含量高，而且少吃油膩的配菜，多吃原形肉類和蔬菜，才能確保蛋白質和纖維的攝取。

根莖類蔬菜的GI值也有細分，想要減重可以多吃低GI的根莖類。

高GI ≥70	中GI 56～69	低GI ≤55
馬鈴薯90 （煮熟冷卻後56）	芋頭 64	地瓜 55 牛蒡 45
山藥75	南瓜 60	蓮藕 38 紅蘿蔔 45 白蘿蔔 26
玉米70		苦瓜 24　生紅蘿蔔 16

Case 個案 11　逆轉糖尿病！ 最重要的是把握飲食原則

低GI飲食原則只要掌握「一飯二菜三指肉」，可讓血糖不易劇烈上升，加上份量的控制及均衡飲食，才能同時攝取足夠營養。

李媽媽是一位50歲的家庭主婦，身高155公分，體重70公斤，中廣身材，有糖尿病史。

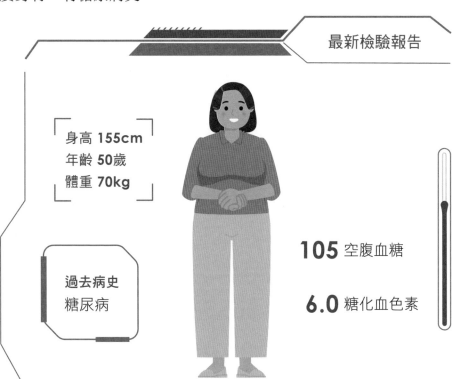

最新檢驗報告

身高 155cm
年齡 50歲
體重 70kg

過去病史
糖尿病

105 空腹血糖

6.0 糖化血色素

> **主訴** 血糖控制還算穩定，但體重卻怎麼樣都瘦不下來。李媽媽問：我都不吃**甜食**、餅乾、蛋糕、巧克力等垃圾食物，為什麼體重還是那麼重？

詳細詢問之後，發現李媽媽雖然不喜歡吃甜食，但卻很愛吃**白米飯和肉**，早上一定都吃兩碗稀飯（稀飯屬於高GI食物，容易餓），午晚餐都吃白米飯，每餐一定要吃肉，偏愛**豬肉和牛肉**（滷豬腳、控肉、咖哩牛、牛排等），**不喜歡吃蔬菜**。

原來她喜歡吃的食物都是相對高GI值且又不均衡的飲食，肉類的選擇也相對的較不健康。

比較建議選擇以下：

7種天然胰島素食材

秋葵	含有類胡蘿蔔素能維持胰島素正常分泌與作用
洋蔥	提高血中胰島素水平可以降低血糖
芹菜	增加胰島素敏感性可使血糖降低
木耳	多糖、膳食維維可以降低血糖
苦瓜	含有鉻及苦瓜皂苷有利於降血糖
海帶	促進胰島素與腎上腺皮質激素分泌
山藥	抑制飯後血糖急速上升避免胰島素分泌過剩

▶▶▶ 因為GI值對糖尿病患者的飲食選擇很重要，醫師再補充幾點：

影響食物GI值的變因

纖維量	纖維量愈高，GI值愈低
精製程度	食物愈粗糙、愈少加工，愈不易被消化吸收，GI值愈低
結實度	質地愈緊密的食物在腸胃道內的消化速度愈慢，GI值愈低（全麥麵包較白吐司低）
料理方式	・塊狀食物（水果）＜稀爛切碎食物（果汁） ・水煮、清蒸＜油炸、炒、煎 ・糊化程度低（白米飯）＜糊化程度高（白稀飯、勾芡）
成熟度	生菜＜煮熟蔬菜，未全熟香蕉＜過熟香蕉
進餐速度	細嚼慢嚥＜狼吞虎嚥

▶▶▶ GI值（Glycemic index）：

指食物**造成血糖上升速度**快或慢的數值。GI值愈高，造成血糖上升的速度就愈快。對於糖尿病患者，容易造成血糖波動以及脂肪堆積，甚至增加**併發症**的產生。

▶▶▶　低GI飲食原則：一飯二菜三指肉

1. **一飯**：攝取低GI澱粉食物（糙米或五穀米）等**全穀類**為主食。

2. **二菜**：每餐至少選擇**兩碟菜**，包括**不同顏色**的蔬果（番茄、茄子、紅蘿蔔、菠菜），和攝取**不同部位**的蔬菜（葉菜、根莖、瓜果等）。

低GI飲食

3. **三指肉**：**植物性**蛋白質（豆類）及**動物性蛋白質**（魚肉奶蛋）。以**三指幅寬**為一餐蛋白質份量，一天總份量約手掌大小。肉類以**白肉**（雞肉、魚肉）為優先，**去皮、去油、挑瘦肉**，清蒸水煮為佳。

個案 Case 12

冬天難忍口腹之慾？
別讓血糖隨著季節起伏

冬天血糖易失控！冬季是血糖最容易起伏不定的季節，若飲食還不節制，就會加快併發症的發生。冬季對老年人來說也是比較危險的時節，糖尿病患者尤其容易出現高血壓、糖尿病足等併發症，一般來說冬季糖尿病門診的人數比其他季節會多1/3～1/2。

王叔叔是一位50歲，賣貢丸湯的老闆。身高185公分、體重90公斤，有多年高血壓及糖尿病史。

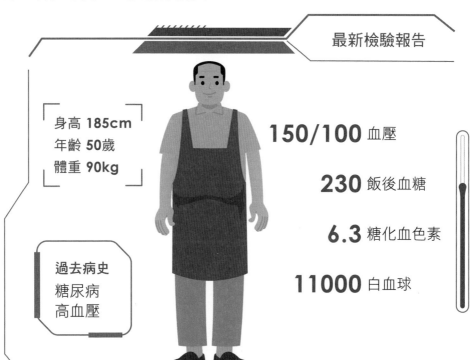

最新檢驗報告

身高 185cm
年齡 50歲
體重 90kg

過去病史
糖尿病
高血壓

150/100 血壓

230 飯後血糖

6.3 糖化血色素

11000 白血球

主訴 因為有糖尿病長期在我的門診追蹤，平常抽血都正常、血糖控制良好。但是一到冬季，尤其寒流來襲時，血糖血壓就容易飆高，而且足部傷口經常不易癒合、容易誘發感染！

細問之下發現：王叔叔冬天因為天冷少運動，又愛吃麻油雞進補，是他血糖、血壓失控的原因。

▶▶▶ 為什麼一到冬季就會產生難控糖的問題呢？

平時血糖控制的不錯，但一遇上冬天，血糖就變得起起伏伏不穩定，這是因為：

1. 冬季寒冷的氣溫會刺激交感神經，進而使腎上腺素分泌增加，讓肌肉細胞對於葡萄糖的利用下降，同時刺激肝臟肝糖的分解，使血糖升高。

2. 氣溫低與溫差大對糖尿病患者的神經和血管都有不利影響，容易造成血壓上升、血管收縮及血液黏稠，進而導致病情惡化或加速併發症的發生。

3. 冬天較容易因為飲食攝取過量、運動不足，或因為感冒而讓血糖失控。

▶▶▶　冬天的血糖照護重點：

1. **身體：注意保暖與護腳**

   因為寒冷會刺激交感神經，容易使血糖升高，以及血管收縮造成血壓上升，血液流速減緩造成血液黏稠，進而導致心腦血管疾病發生率與死亡率大幅上升。

   糖尿病患者多有末梢循環障礙，在冬天又易引發凍瘡，最好的方法就是睡覺時穿寬鬆舒適的襪子保暖雙腳，並且要防止跌傷與足癬，以避免傷口細菌感染。

2. **飲食：注意飲食控制與合理的進補**

   飲食控制是糖尿病的治療基礎，冬天進補宜選擇清燉香菇雞、蘿蔔雞湯，不宜麻辣鍋、麻油雞、薑母鴨、羊肉爐等。

3. **運動：規律運動與適當曬太陽**

   運動可以加速血液循環，但冬季早晨氣溫較低，對於患有心腦血管併發症的糖尿病患，要特別注意；如果又空腹鍛鍊，極易誘發低血糖甚至昏迷。因此，最好的運動時間點在下午，效果最好；另外也要適當曬太陽，可改善血液循環及增加維他命D的攝取。

4. **清潔：注意皮膚、口腔清潔**

   預防感染冬季氣溫的驟降易造成呼吸道黏膜及皮膚抵抗力下降。

5. **監測：比平日更嚴謹的血糖監測**

   因為冬季的血糖容易升高，又會隨著氣溫變化而產生波動，因此需要增加測量血糖的頻率。

Case 個案 13

手搖飲真的不能喝？ 醫師來跟你說真相

糖尿病是普及率高的慢性病，透過均衡飲食、適度運動、控制減少「精製糖」可以將糖尿病的併發症威脅降到最小！

蕭小姐是40歲的女性上班族，中廣身材且有糖尿病史，身高155公分、體重70公斤。平常沒有規律運動，偶爾會爬山。

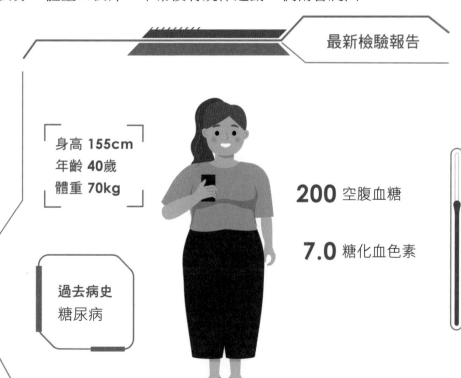

最新檢驗報告

身高 155cm
年齡 40歲
體重 70kg

200 空腹血糖

7.0 糖化血色素

過去病史
糖尿病

主訴 因為血糖控制不佳，蕭小姐很委屈地跟我說：「我都很少吃飯，而且根本不敢碰**油炸類**的食物，怎麼會血糖控制不好？」

我細問之下才明白，真的很不委屈！原來她上班都喜歡跟同事一起訂**手搖飲**，特別喜歡喝珍珠奶茶、奶蓋綠茶，再加粉條、椰果等。這樣即使她都不吃油炸類食物，但**精製糖分**攝取過多，一樣會導致她的血糖控制不佳。

每日精製糖攝取量建議<總熱量10％，降低到5％更理想。假設成人每日需要攝取熱量2000大卡，則攝取精製糖的熱量就應該<200大卡，差不多是**10顆方糖**；然而，只要喝**1杯含糖飲料**糖分熱量就超過200大卡，例如：**珍珠奶茶**全糖650大卡、半糖600、無糖450，假使又吃了餅乾、零食等的糖分，肯定超標。

▶▶▶ 「控糖」飲食8大招：

1. **循序漸進控制糖分**：先從半糖量開始，逐步邁向低糖或無糖。

2. **不主動加糖**：吃東西開始試著不沾糖，或烹飪時減少或不用糖調味。

3. **使用水果甜味取代精製糖**：鳳梨、小番茄、芒果等入菜，減少冰糖、砂糖的使用。

4. **不要煮太鹹**：因為煮菜時若加太多鹽，會想要額外加糖來綜合一下味道。

5. **少選含隱藏性糖的餐點**：滷肉飯、糖醋排骨、三杯雞、韓式炸雞等。

6. **注意酸味飲料**：為了平衡口感，檸檬、金桔等飲品可能會添加較多的糖。

7. **小心有糖的醬料**：沙拉醬、番茄醬、義大利麵醬、果醬等不要過量。

8. **學看營養標示**：女性每天8顆方糖為限，男性9顆；而營養標示中，1顆方糖約為5克糖。

認識單醣／雙醣／多醣來控制血糖

❶ 單醣（葡萄糖、果糖）中，只有葡萄糖可以在血液中運輸被細胞使用，並且作為細胞的能量來源；2個單醣組合成雙醣（蔗糖、乳糖、麥芽糖），單醣及雙醣均容易消化吸收，因此血糖上升較快，即高GI食物。

❷ 3個或以上的單醣組合成多醣（白米飯、五穀飯、馬鈴薯、地瓜等澱粉），化學結構較複雜，需要花較多時間消化吸收，因此血糖上升較慢，即低GI食物，對於血糖的控制較為理想。

❸ 糖果、零食、含糖飲料多使用單雙醣調味加工，因此分解成葡萄糖速度快，對血糖控制較為不利。

父母都有糖尿病，
我還能有健康的機會嗎？

糖尿病的遺傳機率高嗎？爸媽如果有，是否就避免不了呢？帶你來看看這個案例：爸媽皆為糖友，35歲男性年紀輕輕就開始需要吃藥控制！

謝組長是35歲男性，身高165公分、體重75公斤，平常即使假日依舊忙碌於工作，無暇休閒與運動。

無過去病史，但家族史**爸媽均有第二型糖尿病**。

最新檢驗報告

身高 165cm
年齡 35歲
體重 75kg

135 空腹血糖

6.8 糖化血色素

家族病史
第二型病尿病

數值均為**紅字**
已符合糖尿病診斷

> **主訴**　謝組長的公司有一年一度的員工健檢，檢驗報告空腹血糖135，複檢的空腹血糖一樣偏高，糖化血色素HbA1c 6.8。沒有任何不舒服的症狀。

謝組長已符合**糖尿病**的診斷，即空腹血漿血糖≧126 mg/d、糖化血色素（HbA1c）≧6.5%。這麼年輕且無症狀，為何會有糖尿病呢？這說明**糖尿病有遺傳性！**

糖尿病真的會遺傳嗎？糖尿病主要分兩型：

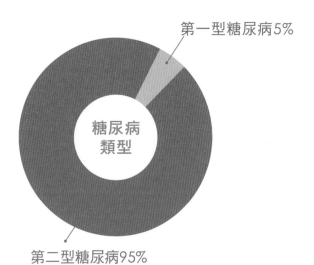

第一型糖尿病5%

糖尿病
類型

第二型糖尿病95%

1. **第一型糖尿病：佔5%以下，無遺傳性**

　　第一型糖尿病大多從**青少年或兒童**時就發病，但也有可能成年時才出現症狀。

主要與**基因**、**環境**及**自體免疫**系統有關。本身帶有基因，加上環境誘發，像是病毒的感染、疫苗的注射、過早接觸牛奶配方奶等，進而造成**自體免疫系統攻擊胰島細胞**，導致胰臟分泌胰島素的 β 細胞功能受損，**無法製造胰島素**，而胰島素的主要作用即是幫助血管中的血糖進入細胞被利用，在此情況下，因而糖分都留在血液裡形成高血糖。

如果**爸爸**是第一型糖友，那小孩會有糖尿病的機率是3～8%；如果**媽媽**是第一型糖友，小孩會有糖尿病的機率是1～4%；這樣的遺傳機率相較第二型糖尿病其實**低很多**，所以一般相對**不會**說第一型糖尿病是因為遺傳造成的。

2. **第二型糖尿病：佔95%以上，有遺傳性**

第二型糖尿病是最常見的糖尿病類型，大多數為**成年人**，主要與**基因**、**肥胖**、**家族史**以及不良的**生活飲食型態有關**。

以上這些因素導致**細胞對胰島素的敏感度降低**、**產生阻抗**，因此血糖沒有辦法進入細胞裡，胰臟為了讓血糖進入細胞，因而分泌更多胰島素，時間久了胰臟疲乏進而

導致**慢性胰島素分泌缺乏**，大量葡萄糖留在血液裡面造成高血糖，變成糖尿病。

內臟型肥胖者的人，**腹部脂肪**容易導致胰島素抗性。除了遺傳以外，由於**一家人的飲食、生活型態**類似，會大大提升第二型糖尿病的發生機率，所以第二型糖尿病跟**家族史**與**日常生活習慣**息息相關。

如果父母當中有1人有第二型糖尿病，那小孩會有第二型的機率是40%；如果父母兩人都有糖尿病，小孩會有第二型的機率則是**70%**，如此的遺傳機率遠大於第一型糖尿病，因此**第二型**糖尿病受到**遺傳**的影響更大！

糖尿病遺傳機率有多高？

第一型 糖尿病	爸爸是一型糖友，小孩會有的機率是3-8%
	媽媽是一型糖友，小孩會有的機率是1-4%
第二型 糖尿病	父母其中一人是二型糖友，小孩有的機率是40%
	如果父母兩個都有糖尿病，小孩有的機率是70%

個案
15

「胰島素阻抗」是什麼？
初期無症狀的隱形糖尿病

糖尿病初期「不一定會」三多一少（吃多、喝多、尿多、體重減輕），因而往往沒發現自己處於「胰島素阻抗」的危險。初期無症狀，沒及早發現，就有可能終身服藥！

張經理是45歲男性，身高170公分，體重80公斤（BMI 27.7），公司主管職，平常無規律運動習慣，偶而應酬抽菸、喝酒。

最新檢驗報告

身高 170cm
年齡 45歲
體重 80kg

160/95 血壓

120 空腹血糖

30 高密度膽固醇

270 三酸甘油脂

6.4 糖化血色素

| | 主訴 | 3年一次的國民健康檢查中，沒有任何不舒服的症狀，但數值已符合糖尿病前期的診斷。 |

張經理緊張詢問，是否需要吃藥控制？我跟他說**糖尿病前期應該從飲食、運動及生活型態調整開始**，第一線治療方式非藥物治療！

糖尿病診斷三指標

	正常	糖尿病前期	糖尿病
空腹血糖	＜**100mg/dL**	100～125mg/dL	≧126mg/dL
口服葡萄糖耐受測試（2小時後）	＜**140mg/dL**	140～199mg/dL	＞200mg/dL
糖化血色素	＜**5.7**％	5.7～6.4％	≧6.5％

只要符合其中一項即可診斷為糖尿病（抽血需重複驗證2次以上）

糖尿病前期的定義：指血糖高於正常值，但是還沒達到糖尿病標準之間的過渡期。

1. **正常：**

    (1)空腹血糖AC<100mg/dL

    (2)口服葡萄糖耐受試驗（OGTT，口服75g葡萄糖水，檢測2小時後血糖值）＜140mg/dL

(3)糖化血色素HbA1c（反應過去3個月體內血糖的平均值）

   <5.7%

2. **糖尿病前期：只要符合其中1項**

   (1)空腹血糖介於100～125mg/dL

   (2)口服葡萄糖耐受試驗血糖介於140～199mg/dL

   (3)糖化血色素HbA1c介於5.7～6.4%

3. **糖尿病：只要符合其中1項即可診斷為糖尿病（抽血需重複驗證2次以上）**

   (1)空腹血糖≧126mg/dL

   (2)口服葡萄糖耐受試驗血糖≧200mg/dL

   (3)糖化血色素HbA1c≧6.5%

什麼是胰島素阻抗?

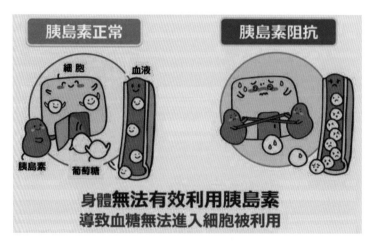

▶▶▶　什麼是胰島素阻抗？

「吃多」、「喝多」、「尿多」及「體重減輕」，所謂的「三多一少」是一般人對糖尿病最直接的印象，但事實上，大多數的糖尿病患者並不會出現上述症狀，甚至有許多人是在治療相關的併發症時，才無意間診斷出糖尿病。

糖尿病前期主要病因是飲食中攝取過多「脂肪酸」，讓多餘脂肪酸堆積於脂肪組織、肌肉與肝藏，造成胰島素阻抗。即身體無法有效利用胰島素，導致血糖無法進入細胞被利用，因而血糖值上升。胰島素阻抗與腹部肥胖、體能活動減少、高熱量飲食相關，所以糖尿病前期患者常合併高血壓、高三酸甘油脂或脂肪肝等症狀。

壞消息

糖尿病前期的族群很容易進展到罹患糖尿病！事實上，就算僅在糖尿病前期，有些高血糖造成的併發症，尤其是高血糖對心臟、血管、腎臟造成的傷害，已經悄悄啟動了！長期下來會面臨中風、心臟病、腎病變、失明、截肢等等後遺症。

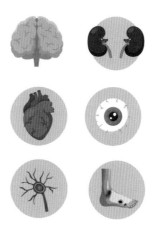

好消息

被診斷出糖尿病前期的患者早一
步知道自己血糖出了問題，這就
是做出改變的契機！如果願意調
整生活型態，包括體重控制、飲
食調整、規律運動、生活作息、
戒菸等，血糖是有機會回到正常
值的。

張經理經過半年的追蹤，經由飲食和生活作息的調整，已經恢復
正常。

▶▶▶ 哪些人應該要接受糖尿病前期的血糖檢測呢？

1. 超過45歲的人。

2. 體重過重（BMI超過25）且有以下任一個危險因子的成年人：

    (1)曾被測到糖化血色素HbA1C>5.7%，或曾有超標的 AC/OGTT

    (2)一等親患有糖尿病

    (3)曾有妊娠糖尿病，或小孩出生體重大於4.1公斤的女性

    (4)有心血管疾病、高血壓

    (5)有多囊性卵巢的女性

    (6)高密度膽固醇HDL<35mg/dL，或／及三酸甘油脂數值>250mg/dL的人

Case 個案 16 別到大難臨頭才知道 自己得了糖尿病

糖尿病是「慢」性病,最可怕的是它的併發症,是隱形殺手!主要因為糖尿病初期多數沒有症狀,導致病一步一步「擴」及全身。當身體長期在高血糖的狀態下,容易提高併發症的風險,包含心血管疾病、腎病變、視網膜病變等,嚴重危害自身健康。

李伯伯是60歲男性,職業是土木工人,身高175公分、體重90公斤。

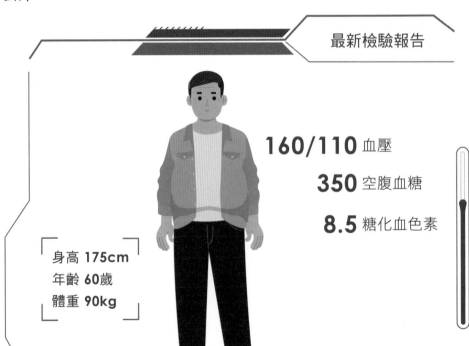

最新檢驗報告

160/110 血壓
350 空腹血糖
8.5 糖化血色素

身高 175cm
年齡 60歲
體重 90kg

| 主訴 | 李伯伯一個月前工作時不慎腳踢到鐵板導致腳趾頭受傷，本來傷口小小的不以為意，想說自己包紮一下就好。 |

沒想到兩週後傷口不但沒有癒合，還越來越嚴重，出現紅腫熱痛來就診，我診斷為**蜂窩性組織炎**，需要用抗生素治療。

同時他抱怨這半年來視力愈來愈模糊，我除了建議轉診眼科檢查外，並且幫他抽血檢驗才發現，原來他已經有**糖尿病**而不自知！

患者相當訝異，從來不知道自己有血糖的問題。後來轉介眼科檢查，也找出了視力模糊的原因，就是糖尿病導致的**視網膜病變**。

糖尿病常見併發症

- 腦中風
- 青光眼　眼底出血
- 心肌梗塞
- 水腫　蛋白尿
- 周邊動脈　阻塞硬化
- 下肢末端　感覺異常
- 糖尿病足

▶▶▶ 糖尿病前期／初期身體不會有明顯症狀：

很多患者都在健康檢查時才發現自己血糖已經異常。甚至多數往往等到出現吃多、喝多、尿多或體重減輕的症狀時，才驚覺自己有糖尿病，這樣其實已錯失早期改善甚至逆轉糖尿病的機會。

血糖若沒控制好，器官就如同泡在高濃度糖水裡，容易引發慢性發炎及大小血管的病變，合併高血壓及高血脂的產生，進而產生併發症。

▶▶▶ 糖尿病併發症分為四大類：

1. 大血管病變：心臟（心肌梗塞、冠狀動脈硬化）、腦部（梗塞性腦中風、暫時性缺血）、下肢間歇性跛行。
2. 小血管病變：眼睛（視網膜病變、視力模糊嚴重甚至導致失明）、腎臟（蛋白尿、慢性腎衰竭、洗腎）。
3. 神經病變：自主神經（性功能障礙、頻尿、消化道異常、姿態性低血壓）、瀰漫性周邊神經病變（對溫度和疼痛感覺變遲鈍。）
4. 足部病變：傷口不易癒合，容易感染併發蜂窩性組織炎。

▶▶▶ 然而，糖尿病前期是可以逆轉的！

1. 改善不良的生活型態，可以降低5成以上糖尿病的風險。
2. 做好體重和腰圍（男性< 90cm，女性< 80cm）控制。
3. 定期檢查血糖值是否超標（空腹血糖<100）。
4. 配合低油、低鹽、低糖及高纖的「三低一高」飲食原則
5. 每天30分鐘、每週達150分鐘的運動習慣。

Chapter

02

生活中總有的健康煩惱，
認真看待避免因小失大

Case 個案 17
內分泌失調的大問題
——庫欣氏症候群

雖然秋冬是血壓容易失控的季節,但可能也與內分泌失調有關!短期間體重直線上升,血壓升高,很有可能是庫欣氏症候群!

程小姐是40歲會計師,身高162公分、體重75公斤。

最新檢驗報告

155/110 血壓

60 促腎上腺
皮質激素

60 腎上腺
皮質醇

身高 **162cm**
年齡 **40歲**
體重 **75kg**

| 主訴 | 程小姐近半年來體重直線上升了10多公斤，並且被診斷出高血壓，且過去一向準時的月經變得不規律，甚至沒來。 |

我詳細觀察後，發現其臨床特徵是中心肥胖、背頸部脂肪沉積（水牛肩）、臉部圓腫如月亮（月亮臉）、皮膚易瘀青及紫色妊娠條紋；抽血發現促腎上腺皮質激素（ACTH）及腎上腺皮質醇（Cortisol）均升高

進一步安排腦部核磁共振檢查發現有腦下垂體腫瘤，確診為庫欣氏病。後來程小姐在順利手術切除腫瘤後，血壓及其他相關症狀也逐漸恢復正常。

▶▶▶　高血壓的分類：

1. 原發性高血壓：佔95%，主要是基因遺傳與環境因素，基本上只能控制，無法治癒。隨著年齡增長與心血管老化，以及不當的生活作息與飲食習慣也會惡化血壓，包括過重、重鹹飲食、飲酒過量、運動不足等。

2. 次發性高血壓：佔5%，升高的血壓是源自於其他內科疾病，若將這內科疾病治療好，血壓也會恢復正常。好發於30歲以下的人，通常使用3種以上降壓藥都難以控制。

> ### 最常見的次發性高血壓
> 由於體內內分泌腺體或細胞不當地分泌引起血壓升高的激素以致內分泌性高血壓
> ‧原發性醛固酮增多症　‧庫欣綜合徵　‧嗜鉻細胞瘤

▶▶▶ 內分泌性高血壓：

1. 原發性醛固酮增多症

   由於腎上腺皮質增生或有腫瘤，分泌醛固酮增加，導致體內鈉離子及水分滯留，引發高血壓；臨床表現為低血鉀、肌無力、多尿等症狀。若為惡性腫瘤，建議手術切除。

2. 庫欣綜合徵

   由於腎上腺皮質或腦下垂體有腫瘤，分泌皮質醇（Cortisol）增加，進而興奮交感神經導致血壓升高。臨床表現為中心肥胖、水牛肩、月亮臉、皮膚紫紋、高血糖等症狀。治療以手術切除為主。

3. 嗜鉻細胞瘤

   由於腎上腺髓質腫瘤分泌大量兒茶酚胺（Catecholamine），導致血壓升高。臨床表現為5P: Pressure（高血壓）、Pain（頭痛胸痛）、Palpation（心悸）、Perspiration（發汗）、Pallor（臉色蒼白）等症狀。治療以手術切除為主。

Case 個案 18 冬天變胖都是藉口？ 減肥的最佳時機

一般冬季是體重最容易失守的季節，因為天冷動的少、吃得多，一路從感恩節（火雞大餐）、聖誕大餐、跨年慶祝、農曆過年、喝春酒等，不知不覺體重就爆表了！

但冬天真的那麼難減肥嗎？不盡然喔！秋冬基礎代謝率會提高，甩肉減重的效果要比夏天好，肥胖是三高的最大禍源，三高患者更應該趁機好好減重！

朱業務為50歲男性，腰圍100公分、身高170公分、體重85公斤。

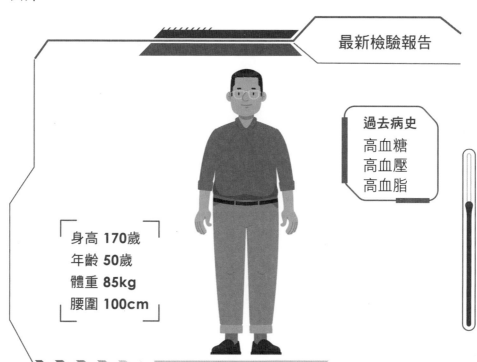

最新檢驗報告

過去病史
高血糖
高血壓
高血脂

身高 170歲
年齡 50歲
體重 85kg
腰圍 100cm

> **主訴** 朱業務有代謝症候群,即三高(高血糖、高血壓、高血脂),腹部肥胖,腰圍100公分,擔心日後有心血管疾病併發症,因此立志減重。

朱業務擔心冬季減肥困難重重,我告知其實**冬天更有利於減肥**,不用擔心!經過半年的努力,成功減重10公斤!

▶▶▶ 秋冬基礎代謝率會提高,有利於減重!

基礎代謝率BMR是指在人體在靜臥狀態下,維持生命所需消耗的最低能量。

冬天季節溫度降低,若外在環境導致體溫下降1度,人體為了維持恆定的體溫,我們的基礎代謝率會自動上升13%,意味著需要消耗更多的能量;因此若精準控制攝取的食物總熱量,自然會消耗庫存的醣類與脂肪,這也是為什麼冬天實行減重效果比夏季更好的原因。

▶▶▶　代謝症候群是十大死因的重要因子，而肥胖是危害之首！

腰圍過大代表腹部脂肪包括內臟脂肪過多，因此減重是最根本之道！代謝症候群容易造成動脈粥狀硬化，比一般人增加三高、心臟病及腦中風風險。

預防代謝症候群

均衡飲食	3低1高，低油、低糖、低鹽、高纖
運動333	每週3次，每次維持30分鐘，每次心跳達130下
戒菸少酒	長期抽菸與飲酒容易造成慢性發炎
保持愉悅	長期憂鬱可能會導致身心靈損害
定期健檢	及早發現及早治療

Case 個案 19

減肥靠不吃澱粉？
別再愈減愈肥啦

很多人都知道澱粉是減肥的大敵，但完全不吃可能危害更大。

吳小姐是25歲的研究所學生，身高160公斤，體重48公斤，沒有慢性病史。

最新檢驗報告

8.1 血紅素

250 膽固醇

1.5 腎功能肌酸酐

身高 **160cm**
年齡 **25歲**
體重 **48kg**

| 主訴 | 吳小姐抱怨這半年來記憶力衰退、皮膚粗糙、掉髮、生理期紊亂甚至停經。 |

抽血發現有貧血、膽固醇升高及腎功能變差等現象。細問得知：這半年力行減肥，完全不吃澱粉等碳水化合物，只以大量肉類當主食，且不愛吃蔬果，結果這半年反而增加了2kg！

▶▶▶　不吃米飯麵條當主食的危害：

1. 更容易引起肥胖

不吃主食或者吃得很少，會覺得心理不滿足，容易引起暴食，就得用其他食物代替，可能會造成蛋白質和油脂的攝取過量，導致熱量超標更容易引起肥胖！

2. 低血糖導致大腦退化

大腦需要葡萄糖作為能量的唯一來源，成人大腦每日平均需要110～140g的葡萄糖，澱粉類作為葡萄糖的主要來源，若攝取不夠可能會影響記憶力和學習能力，人也沒有精神！

3. 心臟及肝腎疾病增加

碳水化合物攝取變少，蛋白質和脂肪相對攝取過量，容易增加心血管疾病、痛風、糖尿病等的風險，還會增加腎臟負擔！

4. 內分泌紊亂

可能會影響到荷爾蒙的分泌，進而造成皮膚粗糙、掉髮、生理期紊亂或停經等問題。

▶▶▶ **問題不在不吃澱粉，而在吃了過量或加工過度的食物！你可以：**

1. 挑選糙米、燕麥等粗製澱粉，或是同樣被歸類為澱粉類的南瓜、地瓜、芋頭、玉米等原型食物，取代白米、白麵條等精製澱粉，不僅富含維生素、礦物質、膳食纖維，更可維持血糖穩定，不易囤積脂肪。

2. 慎選主食的配菜，包括大量的蔬菜纖維、白肉蛋白質、不飽和脂肪（炒飯、炒麵、滷肉飯等），並且不添加額外的糖分。

Case
個案
20

血脂肪不正常？
看懂你的膽固醇！

膽固醇並不只是老年人的專利，年輕人也有可能
會高膽固醇？分享25歲年輕人，愛吃美式料理，
總膽固醇偏高的案子。

Peter今年**25歲**，是一位研究所剛畢業的職場新鮮人，身高185公
分，體重75公斤，平時**規律上健身房健身維持體格，沒有任何過
去病史**。

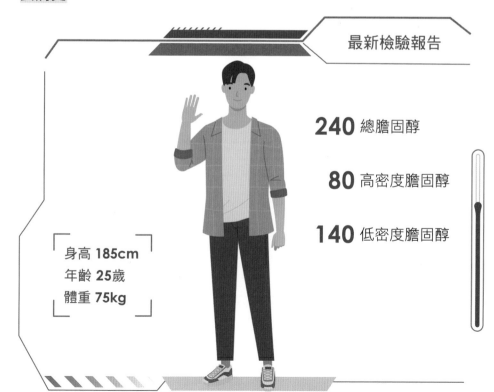

最新檢驗報告

240 總膽固醇

80 高密度膽固醇

140 低密度膽固醇

身高 **185cm**
年齡 **25歲**
體重 **75kg**

主訴　Peter在進公司前做了新進員工體檢。基本上檢查大致均正常，也**沒有不舒服**的症狀，但**血脂**組成的報告卻出現紅字。

Peter緊張地來門診詢問：「醫師，這樣很嚴重嗎？我會不會突然**心肌梗塞**或**腦中風**啊？」

細問之下，發現他雖然有規律運動，但飲食上卻很愛吃美式餐廳的料理，包括速食炸雞、薯條、牛肉起司漢堡等，基本上都是**高油**、**高糖**類的食物，我告訴他：他的**動脈硬化指數**=總膽固醇240/高密度膽固醇80=3（<4）。

動脈硬化指數=總膽固醇/高密度脂蛋白比值（TC／HDL）可用於**預測心血管疾病**及**代謝症候群**的風險，若此指數偏高，則血管硬化機率會明顯上升，罹患**心血管**及**腦血管疾病**機率增加！理想值**<4**；若有頸動脈狹窄或有斑塊、已置放心血管支架、曾經心肌梗塞或中風者，建議<3。

病患目前低密度膽固醇僅略為偏高，所以尚且不用擔心心血管或腦血管疾病的風險。

我建議他繼續維持規律的**運動**習慣，並且調整飲食以**不飽和脂肪**及**減少醣類**為主，半年後追蹤即恢復正常。

挑對油才安心

油脂種類	特性	烹調方式
豬油、牛油、奶油、雞油、棕櫚油、椰子油	・飽和脂肪酸較高 ・室溫下呈固態 ・耐熱點高	・涼拌、煎、炒、煮（可高溫油炸） ・攝取過多，易有心血管疾病
大豆油、沙拉油、橄欖油、葵花油、芥花油、苦茶油	・不飽和脂肪酸較高 ・室溫下呈液態 ・耐熱點低	・涼拌、煎、炒、煮（不可高溫油炸）
氫化過的植物油	・飽和脂肪酸高 ・含有反式脂肪 ・呈半固態 ・耐熱點高	・煎、炒、煮（可高溫油炸） ・人體難代謝，攝取多易有心血管疾病

▶▶▶ **高血脂飲食建議：**

1. **減少飽和脂肪**攝取量，主要來自三大類：(1)**動物脂肪**：牛羊豬雞肉及油脂。(2)**奶製品**：起司、全脂牛奶。(3)部分**熱帶油**：棕櫚油、椰子油。

2. 以**不飽和脂肪**代替：主要來源為**植物油（橄欖油等）**、**堅果油、魚油**。

3. 避免**反式脂肪**：人造脂肪，目的是讓脂肪易於保存。例如人造奶油**瑪琪琳**，這就是反式脂肪，對人體沒有任何好處。

4. 避免**含糖飲料**與**甜點**：血糖快速上升會誘發**胰島素**大量分泌，將血液中的血糖轉換為三酸甘油酯，增加血脂異常及膽固醇上升的風險。

▶▶▶ 總膽固醇TC（Total Cholesterol）：

1. 膽固醇**80%**是內生性，由**肝臟或小腸細胞合成**而來，與**基因遺傳**有關；**20%**才是由**飲食**攝取的。

2. **高膽固醇血症**在成年人盛行率約為**20%**，積極控制**血脂**，**飲食**與**生活習慣**還是非常重要，因為影響最大的並不是食物「膽固醇」的含量，而是「**飽和脂肪**」的含量！美國的飲食指引建議飽和脂肪攝取在**每日總熱量10%**以下。

Case 個案 21　甲狀腺低下跟膽固醇的關聯？原來這種保健食品有幫助

有甲狀腺低下問題的患者，其實更要注意膽固醇的問題？來看看甲狀腺功能低下導致高血脂問題。

尤副理是50歲證券公司女性主管，身高160公分，體重56公斤。

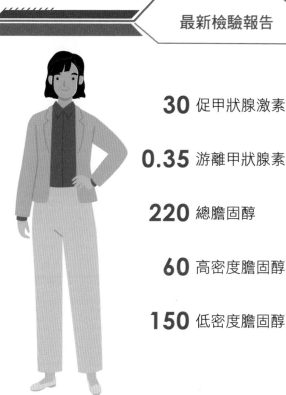

最新檢驗報告

身高 160cm
年齡 50歲
體重 56kg

30 促甲狀腺激素

0.35 游離甲狀腺素

220 總膽固醇

60 高密度膽固醇

150 低密度膽固醇

> **主訴** 尤副理最近半年感覺**容易疲勞**，且飲食上沒有特別改變的情況下**體重增加**3公斤；一開始自己以為是工作太累、沒有運動，或者是更年期的徵兆，卻覺得症狀愈來愈明顯，包括伴隨頸部略為腫脹、**肌肉疼痛與無力、容易怕冷、皮膚乾燥、便祕**等症狀！

理學檢查頸部觸診無疼痛、超音波檢查無異常。抽血女性荷爾蒙正常，但是有**甲狀腺功能低下以及高膽固醇血症的問題。**

抽血數值紅字，**即高膽固醇血症。**

尤副理相當訝異，因為之前健檢都正常。我說明應為甲狀腺功能低下所導致。

最後經檢驗血清中甲狀腺抗體，確診為橋本氏甲狀腺炎（Hashimoto's Thyroiditis） 所造成的甲狀腺功能低下，並伴隨高血脂症。建議處方為口服甲狀腺素治療。

尤副理本身有在服用保健食品，聽說**紅麴產品可以降血脂**，她詢**問是否可以當作輔助食用？**

▶▶▶ **紅麴對健康的好處：**

1. 紅麴在發酵過程所產生的代謝產物為紅麴菌素群（Monacolin Group），其中以Monacolin K活性最強，與降膽固醇藥物 Levostatin結構與作用均相似，因此可抑制膽固醇合成。

2. 建議對象：有高血脂者，尚未達到需要用藥程度，醫師建議以運動及飲食調整者，可添加紅麴保健品幫助改善血脂。本案例即是如此情況。

▶▶▶ **挑選及食用紅麴注意事項：**

1. 與藥物或食物交互作用

   (1)紅麴主成分與降血脂藥物相似，因此若已在服用降血脂藥物者，應請教醫師是否適合食用，以免過量傷肝或產生橫紋肌溶解症等副作用。

   (2)避免和葡萄柚汁或紅黴素類抗生素併用，因為會使降血脂成分濃度上升，進而產生風險。

   (3)避免和抗凝血藥物Warfarin併用，因為會增加出血危險。

2. 有效劑量與安全劑量

   建議每日攝取量所含的Monacolin K至少應達4.8毫克
   的有效劑量，但不得超過15毫克。

3. 紅麴中的橘黴毒素Citrinin

   紅麴菌在發酵過程中，如果發酵技術或保存不得當，
   會伴隨產生橘黴毒素，因此培育技術相當重要！建議
   選擇有衛福部健康食品認證，相對較有保障。

Case 個案 22
甲狀腺風暴會摧毀你的生活！不可不慎

甲狀腺機能亢進症如果長期不治療就容易造成甲狀腺風暴。甲狀腺風暴就是一個極限，身體的新陳代謝太快了，造成心肌衰竭、意識模糊，死亡率非常高，大概有50%。

黃小姐是一位30歲女性網拍網紅，身高155公分、體重45公斤，在多年前常規體檢抽血發現有甲狀腺亢進。

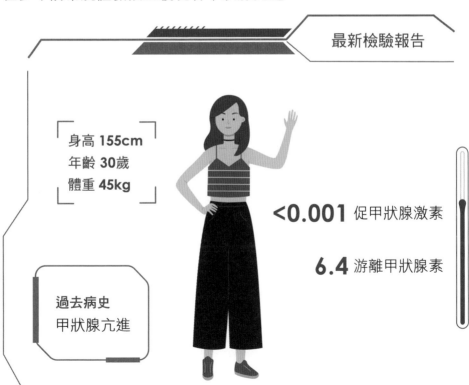

最新檢驗報告

身高 155cm
年齡 30歲
體重 45kg

過去病史
甲狀腺亢進

<0.001 促甲狀腺激素

6.4 游離甲狀腺素

> | 主訴 | 黃小姐有**手抖**、**體重減經**、**容易焦躁**、**心跳快**等症狀，多年前在我門診診斷為**Graves'disease**導致的甲狀腺亢進，並且開立藥物治療。但她非常在意外表跟**身材**，知道服用甲狀腺藥物後，由於甲狀腺功能恢復正常會導致**體重增加**變胖，因此後來知道她其實根本**沒有服藥**。 |
> | --- | --- |

這次半年後的回診主動要求規律藥物控制，說自己上個月才從鬼門關救回來！原因是一個月前持續**腹瀉**及**噁心嘔吐**住院，在進行**腸胃鏡檢查後**，發生**呼吸急促**、**心跳加快**、**高燒**與**精神瞻妄**，緊急會診新陳代謝科，綜合判斷為**甲狀腺風暴**！經緊急治療才救回一命！

▶▶▶ 甲狀腺亢進的原因：

1. **Graves'disease**：**最常見**，**自體免疫**疾病，因抗體不斷攻擊甲狀腺，導致甲狀腺素持續分泌。

2. **甲狀腺炎**：**細菌感染**導致，常見為**金黃葡萄球菌**，因為甲狀腺被破壞而釋出甲狀腺素。

▶▶▶ 甲狀腺風暴Thyroid storm：

1. 突然的甲狀腺素**暴增**，所有甲狀腺亢進症狀加劇，具有生命威脅！**20～50%致死率**！

2. 包括：**高燒、呼吸急促衰竭、心臟衰竭，噁心嘔吐**，甚至導致**精神瞻妄、昏迷休克致命**。

3. 不常見，只有**1～2%甲狀腺亢進的患者**會演變成甲狀腺風暴。

4. 主要原因：

(1)**長期沒有適當治療**的甲狀腺亢進。

(2)甲狀腺亢進患者經歷**感染、手術、創傷、嚴重情緒壓力**等。

5. 緊急送**急診**立即處理，以**藥物**治療甲狀腺及症狀控制為主。

甲狀腺機能亢進症狀

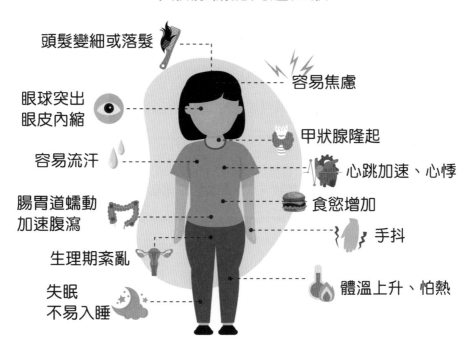

頭髮變細或落髮

容易焦慮

眼球突出
眼皮內縮

甲狀腺隆起

容易流汗

心跳加速、心悸

腸胃道蠕動
加速腹瀉

食慾增加

生理期紊亂

手抖

失眠
不易入睡

體溫上升、怕熱

甲狀腺亢進的症狀：全身代謝的增加，多數的狀況下不會有生命的危險。

1. 體溫上升、容易流汗。

2. 心跳加速、心悸。

3. 呼吸加速。

4. 手抖、精神上容易焦躁、緊張、不安、失眠。

5. 腸胃道：食慾增加、體重減輕，腸道蠕動加速、腹瀉。

6. 生理期紊亂，懷孕婦女甚至是早產、流產。

7. 外觀可能合併出現眼球突出與甲狀腺隆起。

Case 個案 23

這種病5年存活率只有10%！
不可不知的神經內分泌瘤

神經內分泌瘤生長在肺部最危險，雖然症狀如咳嗽、氣喘與一般的感冒無異，但5年存活率僅存10%。

趙保全是**60歲的老菸槍**，身高175公分、體重85公斤的中廣身材。從20歲就開始**抽菸**，每天1～2包，斷斷續續有咳嗽的狀況長達10年之久，但不以為意。

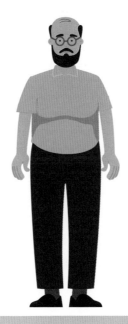

最新檢驗報告

身高 175cm
年齡 60歲
體重 85kg

電腦斷層
肺部有7公分腫瘤

> **主訴** 這半年來**咳嗽加劇**，**體重減少10公斤以上**，以為是**食慾變差**所導致；日常生活起居就容易喘，爬樓梯常**喘不過氣**。

最近一次嚴重**咳血**來求診。抽血些微**貧血**，**X光異常**，電腦斷層顯示肺部在肺門有**7cm腫瘤**，並且已經侵犯到**氣管**。進一步安排**支氣管鏡切片**檢查，確診肺部神經內分泌瘤。

神經內分泌瘤好發部位

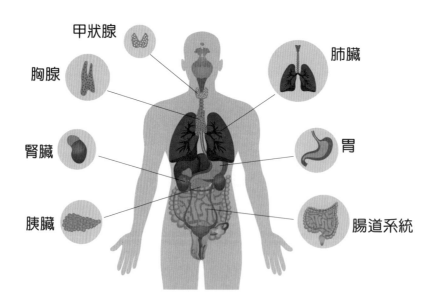

▶▶▶ 神經內分泌瘤 Neuroendocrine tumor，NET：

1. 非特定器官的癌症，可以原發在身體各處，最常見的為消化系統佔6成（胃、胰臟、小腸、闌尾、直腸），其次容易好發在肺臟佔3成。台灣發生率極低，約10萬人有2人罹患。

2. 患者年齡多介於40～60歲，部分與家族遺傳有關。蘋果創辦人賈伯斯（胰臟）、女星奧黛莉赫本（闌尾），及飾演《少年Pi的奇幻漂流》成年男主角的印度男星伊凡卡漢（結腸）都患此症。

3. 病程進展緩慢，早期症狀不明顯，主要症狀和神經內分泌瘤的「發生位置」與「製造的荷爾蒙種類」相關。

4. 最常見的前十大症狀：長在肺臟會咳嗽、氣喘；長在腸胃道會反覆性胃潰瘍、慢性腹瀉、低血糖；盜汗、熱潮紅、發熱（類似更年期）、心悸、皮膚炎。

然而，由於沒有特異性，如果病人常常拉肚子可能會先被認為是腸躁症；長期咳嗽會先排除肺結核，因此更難診斷出神經內分泌瘤。臨床症狀+抽血檢驗+影像檢查+病理切片，平均5～7年才能確診，所以診斷時常已經末期轉移！5年存活率僅剩3成。

▶▶▶ 肺臟神經內分泌瘤；屬於小細胞癌
（Small-cell lung cancer）：

1. 小細胞癌是**最侵襲**、**生長最快速**的肺癌，容易轉移至**腦**或**肝臟**，常常是在轉移多處後才發現得肺癌，因此治癒機率不高！**5年存活率<10%**！

2. 主要症狀：**久咳不癒**、**常喘不過氣**、**咳嗽帶血**、肺部**反覆感染**等。

3. **與抽菸有極高度相關**，幾乎不會發生在未抽菸者身上。

4. 治療：**化療及電療**為主。

神經內分泌瘤症狀

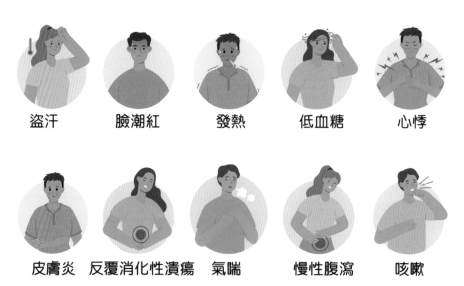

| 盜汗 | 臉潮紅 | 發熱 | 低血糖 | 心悸 |

| 皮膚炎 | 反覆消化性潰瘍 | 氣喘 | 慢性腹瀉 | 咳嗽 |

Chapter

03

話不可以亂講，藥更不可以亂吃，
日常必收的用藥筆記

個案 24

Case

止痛藥無敵治百病？
小心愈吃愈痛

現代人頭痛是很常見的症狀，而隨手可得的止痛藥也是很常見的居家常備藥，但是你知道嗎？「頭痛」時狂吞止痛藥卻不看醫生，小心可能愈吃愈痛？甚至增加心血管疾病？

林先生是50歲男性，職業是計程車司機。身高173公分、體重80公斤，有慢性頭痛的問題，長期一個月頭痛7～8天。

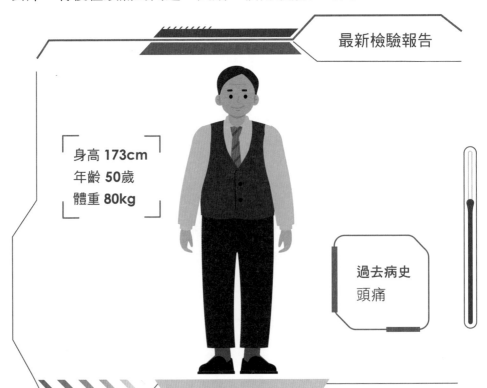

最新檢驗報告

身高 173cm
年齡 50歲
體重 80kg

過去病史
頭痛

主訴　林先生工作繁忙沒時間看醫生，但因為開車需要專心，於是都自行去藥局購買止痛藥吃，1顆不夠自己加到2顆，甚至有時加到4顆！

最近經過親朋好友介紹發現某牌**感冒藥水**效果不錯，建議成人劑量大約10cc，但為求效果一次總是都喝一瓶200cc。起初效果良好，頭痛改善了；但後來最近三個月效果逐漸變差，頭痛天數也愈來愈多，變成天天都痛，而且比之前還痛！因此一天一瓶慢慢的加到一天4瓶！甚至天天喝，不喝就無法開車，買一箱感冒藥水回家擋不了一禮拜。

終於有一天受不了直接來求助我門診，診斷為**藥物過量型頭痛**。

▶▶▶　**止痛藥吃太多可能會更痛──藥物過量型頭痛：**

台灣研究發現，國內約25萬人深受此一類型頭痛之苦！

定義為：病患每個月有15天以上的頭痛（包括各種原發性頭痛，常見為偏頭痛與緊張性頭痛），同時在超過三個月的時間裡，使用超量的止痛藥。

這類病患因為過度使用止痛藥會讓中樞神經變得更敏感，中樞抑制疼痛的能力下降，反而更容易頭痛，而且容易造成藥物成癮的問題。

在治療方面，應該要減少止痛藥的使用，針對病患原本的頭痛問題，治療頭痛相關的誘發因子，最終達到減少止痛藥使用的目標。

不同類型止痛藥

類型	中樞止痛藥 Acetaminophen	非類固醇消炎止痛藥NSAID	麻醉性止痛藥 opioid analgesics
常見藥品	乙醯胺酚 普拿疼	布洛芬	嗎啡
緩解疼痛症狀	・經痛、頭痛 ・肌肉痛、牙痛 ・關節炎	・經痛、頭痛 ・肌肉痛、牙痛 ・退燒、抑制發炎	・癌症晚期劇烈疼痛 ・術後傷口疼痛
副作用	大量服用易造成肝中毒	過敏、傷胃	嘔吐、便秘、暈眩、輸尿管、膽管痙攣等
備註	一般藥局販售感冒藥含此成分	・不具成癮性 ・心血管病變者服用NSAIDs可能導致心臟病復發或死亡	易引發成癮，需醫師評估診斷才可使用
藥效	弱	中	強

止痛藥分三大類：止痛效果由弱至強：

1. 中樞止痛藥（普拿疼）：作用為解熱鎮痛劑，主要用於退燒、止痛。過量使用可能會導致嚴重的肝損傷。

2. 非類固醇消炎止痛藥（NSAID）：作用為解熱鎮痛抗發炎，除了普拿疼及麻醉性止痛藥外，均屬於這類。例如EVE（Ibuprofen）等藥物。退燒止痛效果較普拿疼為強，且有抗發炎的功效。副作用可能會過敏、胃潰瘍及腎病變。非類固醇消炎止痛藥會增加心血管疾病風險，尤其65歲以上有心血管疾病的人，最好要避免NSAID而用普拿疼替代，因為NSAID會造成腎功能下降導致鈉離子和水分滯留，增加心臟負擔；同時也會影響血管內皮的調控降壓效果，使血管周邊壓力上升。兩者加乘作用會增加心血管疾病風險、心臟衰竭的機會大幅提升。

3. 麻醉性止痛藥（嗎啡）：作用為強效止痛。副作用可能會嘔吐、便秘、暈眩、輸尿管痙攣（排尿困難）、膽管痙攣，並且可能引發成癮性！

不過，對於65歲以下沒有心血管疾病的健康成年人來說，偶爾吃一次止痛藥並不會有太大的風險。

▶▶▶ **藥品的分級總共分三級：**

1. 處方藥：需經醫師診斷，確定病因後開立處方箋，才能到藥局拿到藥品使用，例如心臟病、高血壓、糖尿病、抗生素、麻醉性止痛藥等。

2. 指示藥：使用上比處方藥安全，可以由醫師或藥師來指導民眾使用，購買時不需要有處方箋，例如普拿疼、非類固醇消炎止痛藥（NSAID）、抗過敏藥、綜合感冒藥、胃藥等。

3. 成藥：使用上比指示藥安全，作用緩和，無累積性，能耐久儲存。不需要醫師處方箋，也不必經過醫師、藥師指導，人人都可以自行選購，但使用前須詳細閱讀藥品說明書與用法用量，例如綠油精與萬金油等。

Case 個案 25

為什麼不行自行減藥？
哪些藥絕對不能剝半或磨碎吃？

許多長輩不擅長吞藥，或是長照機構長者長期使用鼻胃管進食，家人多半會把藥物磨粉再給長者服用或鼻胃管灌食，這樣真的安全無慮嗎？

洪老太太70歲，長年高血壓。

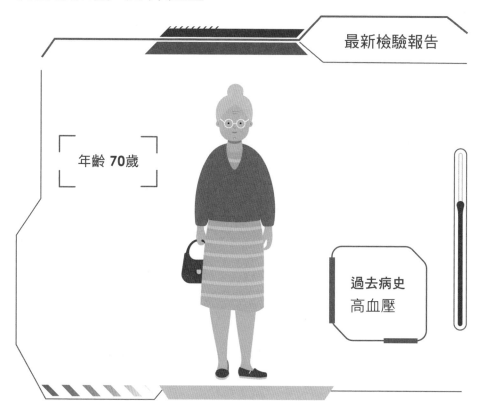

最新檢驗報告

年齡 70歲

過去病史
高血壓

> **主訴**　1個月前天氣變化誘發梗塞性腦中風住院，出院後醫師有開立Aspirin作為預防二次中風用藥。

老太太最近常感覺到上腹疼痛，伴隨**臉色蒼白、頭暈及走路不穩**，並且有**解黑便**的狀況。一問之下，老太太由於中風後不太會吞藥丸，請家人將Aspirin磨成粉末後早餐空腹服用。由於**Aspirin不能磨碎服用**，如此反而**容易加速胃潰瘍**的發生。

哪些藥物不能剝半，磨碎？

腸溶錠	特性：裹上腸衣的藥，主要讓藥品避免受到胃酸的破壞，在抵達腸道時才崩解釋放主要成分；或是讓藥品快速通過腸道減低對胃部的刺激性。 磨醉後：Aspirin腸囊不能磨粉，如果磨碎則腸衣受到破壞，直接在胃部作用可能會造成胃潰瘍或出血。
持續緩釋型	特性：主要利用特殊劑型設計讓藥物緩慢的釋放出來，因此可以降低服藥的頻率且可延長藥物在體內作用的時間。 磨碎後：若將此藥物磨粉或是剝半會破壞原本特殊劑型的設計，成分快速大量釋放出來，反而會增加藥物濃度過高的危險性。
軟膠囊	特性：將液體藥品入明膠殼，軟膠囊外層無法拆開，例如：維他命E膠囊。
舌下錠	特性：主要為了吸收目的而設計，將藥品含在舌下慢慢融化，主成分由舌下靜脈吸收後進入全身性的血流分布，可快速到達作用部位發揮藥效。服用時只能含在舌下，不可以磨碎或吞下。

以下這些藥不能剝半或磨碎：

1. 腸溶錠：裹上腸衣的藥，主要讓藥品避免受到胃酸的破壞，在抵達腸道時才崩解釋放主要成分；或是讓可能傷胃的藥品快速通過腸道減低對胃部的刺激性，若磨碎則腸衣受到破壞，直接在胃部作用可能會造成胃潰瘍或出血。例如Aspirin膠囊不能磨粉。由於Aspirin容易引發胃酸分泌，如果有潰瘍史，服用阿斯匹靈容易引發胃潰瘍；更重要是Aspirin膠囊內裝的是小顆粒狀（稱為腸溶微粒膠囊）而不是粉末，顆粒最外層薄膜裹著腸衣，除了避免受到胃酸破壞，亦可減低對於胃部的刺激性。

2. 持續緩釋型：主要利用特殊劑型設計讓藥物緩慢的釋放出來，因此可以降低服藥的頻率且可延長藥物在體內作用的時間。此設計是藥物表層做雷射釋放孔的設計，利用薄膜和滲透壓原理來控制有效成分的釋出，藥錠內的聚合物吸收水分後膨脹，會經由雷射小孔穩定釋出，外殼則因為無法被腸胃道吸收所以會由糞便被整顆排出。若將此藥物磨粉或是剝半會破壞原本特殊劑型的設計，成分快速大量釋放出來，反而會增加藥物濃度過高的危險性。例如治療高血壓的長效藥物Adalat OROS，若破壞了原本劑型會導致血壓下降太快而有低血壓的風險。

3. 軟膠囊：將液體藥品放入明膠殼，軟膠囊外層無法拆開，例如維他命E膠囊，為脂溶性維生素，使其在小腸中被吸收。

4. 舌下錠：主要為了吸收目的而設計，將藥品含在舌下慢慢融化，主成分由舌下靜脈吸收後進入全身性的血流分佈，可快速到達作用部位發揮藥效。例如俗稱「救心」的硝酸甘油片NTG，服用時只能含在舌下，磨碎或吞服反而效果差。

Case 個案 26

過期或吃不完的藥可以直接丟垃圾桶，還是要回收呢？

我們常常病一好就停藥，剩下一大堆沒用完的藥，到底這些藥可以丟進垃圾桶嗎？或是要回收？該如何正確處理呢？

尹太太是我門診45歲的女病患，平常在診所規律拿處方藥。

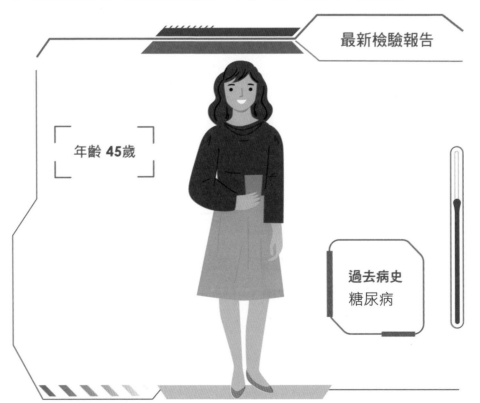

最新檢驗報告

年齡 45歲

過去病史
糖尿病

> **主訴** 尹太太將家裡沒有吃完且過期的藥品,包括感冒藥、止痛藥、抗生素,以及長輩沒吃完的高血壓藥;甚至是家裡過期的保健食品,包括綜合維他命、維他命C、魚油跟鈣片,聽說藥品都要回收而全部帶來診所。

我跟她說不是每一種藥物都需要送回醫院或藥局回收藥品回收處理。依照醫療廢棄物:分為「可能污染環境的藥品」及「一般藥品」:

1. 「4藥一針」需送回藥局或醫院的「藥品回收站」回收處理,若任意棄置垃圾桶或是沖入水槽,可能汙染環境,對人類未來造成潛在的危險!

   (1)抗癌藥、免疫抑制藥:具有細胞毒性,對人體或環境會造成直接傷害。

   (2)抗生素:可能造成細菌產生抗藥性,未來將無藥可用,如盤尼西林、四環黴素等。

   (3)管制藥物:鎮靜、安眠藥,避免讓人誤用或濫用,如嗎啡、可待因、安眠藥使蒂諾斯。

   (4)荷爾蒙:使環境荷爾蒙的污染增加,造成人類與生態的危害,如避孕藥、調經藥。

   (5)廢棄針具針頭:如糖尿病患自行注射用的胰島素針具,建議放在密封罐中,避免遭到針扎。

2. **一般藥物**：可裝入**夾鏈袋**丟棄

包括沒吃完的感冒藥或自行前往藥局購買的藥物等，當藥物過期或變質，可自行將藥品集中在夾鏈袋後丟棄在**家用垃圾桶**。

如果是**液態**的藥品，也可將剩餘藥水倒入夾鏈袋，再以少量清水沖洗藥罐後倒入夾鏈袋。

夾鏈袋中可放入**茶葉**、**咖啡渣**和**衛生紙**，主要用來吸附藥水和藥丸，降低在袋子破損時藥水流出來的可能性。

國家圖書館出版品預行編目 (CIP) 資料

玩美不網美：醫美不能說的秘密,不可不知的
健康秘訣 / 謝孟璇作 . -- 第一版 . -- 新北市：商
鼎數位出版有限公司 , 2024.02
　　面；　公分
ISBN 978-986-144-257-0(平裝)

1.CST: 家庭醫學 2.CST: 保健常識 3.CST: 皮膚
美容學

429　　　　　　　　　　113001125

玩美不網美 醫美不能說的秘密
不可不知的健康秘訣

作　　者　謝孟璇

發 行 人　王秋鴻
出 版 者　商鼎數位出版有限公司
　　　　　地址：235 新北市中和區中山路三段 136 巷 10 弄 17 號
　　　　　電話：(02)2228-9070　傳真：(02)2228-9076
　　　　　網路客服信箱：scbkservice@gmail.com

編 輯 經 理　甯開遠
執 行 編 輯　陳資穎
美 術 設 計　黃鈺珊
編 排 設 計　蕭韻秀

商鼎官網

2024 年 2 月 15 日出版　第一版／第一刷